大倉健宏 著

ペットフレンドリーなコミュニティ

イヌとヒトの親密性・コミュニティ疫学試論

ハーベスト社

ペットフレンドリーなコミュニティ＊目次

カバーおよび本文写真：© 大倉健宏・環境社会学研究室学生

1　はじめに

アメリカ人の都市社会学者クロード・フィッシャーは調査方法と調査結果に対して、さらには調査の彼方にある「全体的な傾向」に対する懸念を、以下のように述べている。

> 調査にはたしかに落とし穴がある。結局のところ、面接は、ある人、たいていは女性が、別の人に一連の質問をすることから成り立っている。回答は現実の一部を反映しているにすぎない。また、回答は、質問がどのくらい明確であるか、回答者がどのくらい一生懸命答えてくれるか、面接調査員がどのくらい信頼関係をつくれるか、面接中にテレビがつけっぱなしになっているか、そのほか調査票、被面接者、面接調査員、状況にかかわる数多くの側面を反映してしまう。こうした事情がわれわれの分析を混乱させ、曇らせることもありうるけれども、通常はそれらが全般的な傾向を隠してしまうことはない。私が焦点を当てようとしているのは、個人の詳細や調査手続き上の「雑音」のなかから姿を現わすこのような全般的な傾向なのである。(Fischer 1982=2002: 39)

フィッシャーの言葉を目にして、写真表現技法について想起した。15年ほど前、不意なことに「あなたの写真は構図が、ビシッと決まっていて良いですね」と言われたことがある。

実に意外な言葉であったが、このことをきっかけとして、カメラレンズでどのようにリアリティを切り取るかを、それまで以上に意識するようになった。被写体を画面の中にどう置くか、全体が頭上からつま先まで切れずに入っているか、これが私の拙い写真表現技法のすべてであった。こうした構図重視は、筆者の社会学的視座にも大いに影響しているのであろう。これまでのささやかな業績目録を見ると、「ストリートにたむろする若者たち」「エッジワイズなコミュニティ」などと、いささか構図偏重の感がある。

上の引用でフィッシャーは、調査が標本の偏りと調査技術上の「雑音」に左右されうること、そしてそのうえでも揺るがない「全般的な傾向」(General tendencies) の存在を意図している。ここでの「全般的な傾向」とは推測される母集団のあり方と考えて良いだろう。こうした雑音を経て立ち現れるリアリティを、より鮮明な像で切り取るにはどうしたらいいのだろうか。このことが構図偏重気味な自らに対する、課題として頭にあった。

2014年夏に実施したアメリカ調査でのニューヨークへの往路、機中で隣に座った女性は写真家であると名乗った。被写体としてのニューヨーク・マンハッタンの魅力は何ですかとたずねると、「空がカピカピしていないこと」と言っていた。「カピカピしている」が、どんな写真のことを指しているのかすぐにはわからなかった。その時は色合いのことを言っているのかと思った。この調査の実施期間を通じて「カピカピしていない」写真とは何かをずっと考えていた。それはピント幅のある写真のことだったのだろうと思う。

比喩的な表現をすれば、社会学的なレンズの「絞り」を増し、その分長くなった「シャッタースピード」に耐えうる方法の確立が必要だと考える。調査テーマによっては、感度の高いフィルムを使うことも必要かもしれない。筆者はこの研究を通して、疫学的調査という「絞り」を選択し、その「シャッタースピード」に耐えうるようにPCR分析（注）を併用して、この課題に応えたいと考える。「絞り」を増すことはピントがあっている点の厚みが増すということである。個人にピントを定めつつ、ペットを中心として家族におよぶ焦点を定め、背景としての「ペットフレンドリーなコミュニティ」をも撮りこんでみようと試みる。

2008年4月麻布大学に移籍して、これまでまったく接点のない分野の研究者に接するようになった。多くの同僚から、「疫学的研究をやってみないか」と勧められた。彼らの研究分野では総じて、すぐに結果が出る研究を行う研究者は多いが、疫学のように時間がかかる研究はやる人が少ないと聞いた。そこで疫学のテキストを開くと、後半の記述疫学は地域調査と違いがないように思えたのである。疫学への関心はこんなことから筆者の中で芽生え始めた。

本研究の目的は、記述疫学的な方法と地域調査を併用して、ペットをめぐる実態の一部を示し、ペットフレンドリーなコミュニティモデル構築を試みることである。地域調査においては、それぞれの地域文脈があり、国際的な比較を行うことの困難は大きい。しかしながら、疫学研究という、地域の文脈を超えた比較を前提とする学問分野との出会いにおいて、広がりある比較が可能になるのではないだろうか。

この目的は二つの挑戦的な支柱に支えられている。

1つは従来の社会調査法とは異なる、新たなアプローチを提案することである。疫学の一分野である記述疫学は、社会調査と似た方法を用いており、前述した厚みのあるピントを構築できるということを示したい。

2つ目は個人、家族、居住、ネットワーク、コミュニティを、ペットを中心に据えて、新たなコミュニティのイメージを描くことである。

具体的には、2012年秋に実施した麻布大学附属動物病院での調査、2013年夏に実施したアメリカ合衆国カリフォルニア州サンフランシスコ市およびニューヨーク市ブルックリン区での調査、2014年夏にブルックリン区およびカリフォルニア州バークレイ市で実施した調査結果を分析し、「ペットフレンドリーなコミュニティ」を大都市の文脈から論じたいと考えている。(以下、動物病院調査、2013調査、2014調査と略記する。)

本書の章立てについては以下のように構成されている。

・2章では、本研究の位置取りを明らかにするため、ペットと飼い主としての人間、家族、コミュニティ、下位文化としての「ペット友人」などについて、先行研究から課題を示し本研究での焦点と課題を示す。

・3章では、本研究の中核をなす2013年および2014年に実施した、74票からなるアメリカ調査の結果を分析する。2013調査および2014調査では記述疫学手法を用いた。

人獣共通感染症としての歯周病に注目し、ヒトから飼い犬に伝播する歯周病菌「キャンピロバクター・レクタス」(以降、C.rectus と表記する。) をターゲットとした。このことを疫学的に明らかにするため、飼い主と飼い犬の唾液を収集した。この調査結果と唾液サンプルの PCR 分析、飼い主と飼い犬の間に C.rectus が確認された事例の記述疫学的分析を行う。さらに疫学的に重要な変数である住宅様式と飼い主の年齢から、回答者の類型化を試みる。

記述疫学においては、「疾病群」と「健康群」の比較は重要な課題である。2013調査および2014調査に先立って2012年に実施した、麻布大学附属動物病院利用者を対象とした調査では、重篤な疾病にある飼い犬であるため、唾液収集は実施できなかった。この動物病院調査結果は「疾病群」としての位置づけとなっている。この調査結果と、「健康群」としての2013および2014調査結果の比較を行う。

・４章では、上記の調査結果から示される、「ペットフレンドリーなコミュニティ」のあり方について、コミュニティを規範の観点から明らかにするため、調査地でのドッグパーク等の使用ルールと東京都での同ルールを比較した。そのうえで「ペットフレンドリーなコミュニティ」のコミュニティモデルを、調査結果に基づき「住民」「飼育歴・犬齢」「飼育方法」「ペットフレンドリーなコミュニティに対するイメージ」「ペット友人」「散歩」「住宅市場」「自治体」の観点から明らかにした。

・５章では、資料として筆者による2013調査および2014調査のフィールドノートの一部、および参加学生による記述、加えて2014調査において使用した英文調査目的説明文と単純集計結果を付した調査票を掲載した。

本研究において試論として位置付ける、コミュニティ疫学では、社会学的な調査手法である地域調査と、疫学的な調査を地域レベルと併用し、PCR分析というDNAレベルでの分析を絡めながら、ペットフレンドリーなコミュニティの条件を、実証的に明らかにする。また、疫学研究の大きな長所である国際比較を行い、試論としての成果を提出する。

注　本研究で用いたPCR分析とは、DNAレベルにおける分析方法である。くわしくは、中村圭子・松原謙一監訳, 2012,『Essential 細胞生物学（原著第３版）』南江堂を参照のこと。この分析は科研費研究の連携研究者である麻布大学獣医学部分子生物学研究室村上賢教授にお願いし、同研究室にて実施した。またもう一人の連携研究者である同学部公衆衛生第二研究室加藤行男准教授には唾液採集方法について、ご教示をいただいた。

2013調査と2014調査の分析においては、「麻布大学ヒトゲノム・遺伝子解析研究に関する倫理審査委員会」に研究計画を提出し、外部審査員との面接方式による審査を経て、実施に関する承認を得ている。その後も毎年経過報告を行い、2014年には新たに審査を受けている。インフォームドコンセントの観点から、調査協力者には調査目的に関する英文説明文を提示し、協力承認の署名を受け実施した。サンプルの処理方法などは同委員会の規定に従い実施した。

2　先行研究のレビューと本研究の位置づけ

2-1　先行研究のレビューと本研究の課題

2-1-1. 飼い犬と飼い主をめぐって

　ペットフレンドリーなコミュニティの条件と題する本研究では、住民、ペットおよび伴侶動物としての「犬」を登場人物として、コミュニティを舞台として実態を明らかにする。ここでの「住民」とは、飼い主としてまたはその家族として、または「その他の飼い主」やペットを媒介として関係を取り結ぶ、「ペット友人」としてとりあげられる。そこには主に飼育を担当する者や、飼育を担当しない家族員も含まれるだろう。その他の飼い主とは、公園で犬とともに空間を共有し、ある者は「ペット友人」として知識情報の源泉となり、または飼育マナーの悪い飼い主として認識されることもある。犬については犬種および犬齢という観点でとらえることが必要となる。さらに犬の飼育への支援助言を行う獣医師の存在、飼い主ではないその他の住民を加えなくてはならない。ここでは先行研究のレビューを行い、本研究の守備範囲と課題を明示することにする。

　カナダ出身でイギリスの獣医師であるブルース・フォーグルはペットと家族の新しい関係について論じている。フォーグルによれば、ペットはその家族を映す鏡である。ペットをめぐる理解の上では、だれが手に入れたか、誰のものとされているか、だれが責任を持っているかを知る必要がある。彼はペットが家族アルバムにおいて赤ちゃんのような位置を占めていると論じる（Fogle 1984=1992: 75）。本研究においてはどのような飼い主が、どのような社会的背景において、主に飼育をどのように担当しているか、実態を明らかにしてゆきたい。

飼い犬のしつけは飼い主にとってだけではなく、地域社会にとっても大きな問題である。この点について、フォーグルによる議論では、犬と飼い主・家族との関係を「ゲーム」として論じる。動物は非言語的コミュニケーションを理解するのが得意であり、交流としてのゲームを飼い主との間で行う。犬は飼い主の前で、人間の子どもならば許されないことを行うと論じる。フォーグルによれば、犬は常に飼い主に挑戦して、最終的な勝利を得ているのである。そこでは飼い主の態度と行動による、飼い犬に対する影響が重要である。言い換えれば、飼い主のペットに対して見せている反応の理解が必要である。さらに、飼い犬は飼い主にとっての「親」の役割を果たしている。飼い主は献身的な姿勢を犬に求めているとフォーグルは論じる(Fogle 1987=1995: 17-37)。フォーグルによる議論では、「ゲーム」モデルによって飼い犬と飼い主の関係が説明されている。そこには家族からの広がりが見いだせない。飼い犬と飼い主の関係を家族から外延するならば、「しつけ」の問題に焦点が定められるだろう。本研究においては、「しつけ」をさらには「しつけについての知識」を、どのような方法で実践しているかについて分析を試みたい。

2-1-2. 伴侶動物としての犬をめぐって

ここまでは犬を「動物」として、「ペット」として論をすすめている。アメリカ人の応用動物行動科学者アラン・ベックらは、犬を家族の一員と同様に扱う、「コンパニオン・アニマル」としてとりあげる必要性を論じている。ベックらはコンパニオンとは、「一緒にパンを食べる関係」であるとし、家族の一員として位置付けている。その表れとしてアメリカにおいて、子どものいる家庭でのペットが多く、一人暮らしの家庭では15%が犬を飼い、子どものいる家庭では72.4%、子どものいないカップルでは54.4%がペットを飼っている(Beck and Kacher 1996=2002: 63)。彼らにとって「コンパニオン・アニマル」としての犬は、飼育に適した住居に居住する経済的なゆとりがある家族にとって、子どもの教育のために良く、かけがえのない存在である。残る問題として、飼育経験や家族構成が異なる、様々な家族にとって「コンパニオン・アニマル」としての犬は、どのように、そしてなぜかけがえがないかという、重要な課題が残されている。この点について調査結果から実態を明らかにする。

「コンパニオン・アニマル」という視点に対して、動物科学におけるマルクス主義的な観点の必要性を提案し、批判的な議論を展開するのはダナ・ハラウェイである。アメリカ人で実験動物学からのちに科学史に転じたハラウェイは、アメリカの63%の家族がペットを飼育し、その数は7390万匹であることを示す。そこでは上質な餌・用具・サービスの提供を中心として、巨大産業が存在していると論じる。ハラウェイは「コンパニオン・アニマル」としての犬を、資本主義のど真ん中ある商品としてとらえ、「生きた資本」という、歴史特異的な文脈でこの関係性を整理することが必要と論じている。また、ハラウェイは優生学や遺伝学の歴史をひきながら、血統の管理は人も同様であったこと、「コンパニオン・アニマル」としての犬が生産された犬種であり、生物学的人工物であることを指摘し、犠牲や応答能力の排他的支配のロジックが、「動物という存在」を生産していると論じる(Haraway 2008＝2013: 74-92)。本研究においては年収や住宅様式、間取り、家族構成を説明変数として、これらを「豊かさ」と呼んでもいい、家族の中のペットとしての犬の存在の実態と意義を論じる。さらに「コンパニオン・アニマル」を商品として、消費の地平に位置付けるハラウェイの議論からは、激烈化するペットに関する市場や情報産業やコミュニケーションを、とりあげなくてはならないだろう。本研究ではペット市場やペット情報産業をとりあげることはできなかった。しかしながら、本書では「ペットフレンドリーなコミュニティモデル」を提案するなかで、賃貸住宅市場におけるペットフレンドリー化について言及する。

「主観的家族論」の立場に立脚する社会学者山田昌弘は、「家族ペット」という存在を論じる。山田は家族を「代わりのきかない関係、長期的に信頼できる関係、絆」と定義している。山田は現代において家族が「代わりのきかない」「長期的に信頼できる」という点で、ゆらぎの中にあることを指摘している。さらに「ペットの方が家族らしく、家族の方が家族らしくないという現実」がペットブームを作っていると論じている。山田は結婚や家族に対する高すぎる期待が、「ペット家族」という選択肢を現実的なものにしていると論じる。山田の論によれば、家族が欲しいという思いが、「適度な手間をかける必要がある存在」としての小動物に向かうのである（山田昌弘 2007: 25-61 179-80）。山田はペット産業の今後のキーワードとして、①「ペットを客観的により良い状態にする」ペットの健康産業の発展、②「ペット自慢産業」、③「ペットが飼い主に喜ぶ姿を見せる」、④「ペットとのコミュニケーション」、⑤「忙しい飼い主の負担軽減」、⑥「飼い主の心理的負担軽減」、⑦「ペットと一緒に暮らすインフラ整備」、⑧「ペット産業の人材育成」をあげている（山田昌弘 2007: 200-10）。筆者は山田の議論を受けて、⑦「ペットと一緒に暮らすインフラ整備」については、集合住宅レベルをさらに超えて、自治体レベルでの「ペットフレンドリーなコミュニティ」をコミュニティモデルとして提案する。このことは自治体にとっては集客魅力としての「ペットフレンドリーなコミュニティ」を意味する。山田の議論からは、水平的なネットワークとしてのあり方をみとることができない。筆者は「家族ペット」をネットワークとしての、「ペット友人」の一部分へと広げることで、現実性を高めたいと意図する。そして、本研究では「ペット友人」と「ペットフレンドリーなコミュニティ」の条件を明らかにしたい。

2-1-3.　コミュニティにおける飼い犬

都市社会学者奥田道大は、都市コミュニティの定義として、「さまざまな意味での異質・多様性を認め合って、相互に折り合いながらともに自覚的、意思的に築く、洗練された新しい共同生活の規範、様式」と定義している（奥田 1995: 31)。筆者は奥田のいう「異質・多様性」「新しい共同生活の規範」を具現化した空間として、「ペットフレンドリーなコミュニティ」を位置づけることを試みる。飼い犬をコミュニティの成員に準じて扱い、飼い主の意識によって「ペットフレンドリーなコミュニティ」が構築されると考える。本書ではこの意味で「コミュニティにおける飼い犬」と表現する。コミュニティにおける飼い犬は、共同生活において大きな地域問題となることがある。そしてその問題の解決は、住民の能動的な関わりにあると考えられる。

一方で、「コミュニティにおける飼い犬」を、「都市の犬」として位置付ける視点がある。比較発達心理学の観点からペットにアプローチする柿沼美紀らは、「都市の犬」をめぐる問題として、十分な知識を持たない飼い主との生活が、犬にとって安泰ではない生活であることを指摘している。また柿沼によれば、経験の浅い飼い主は獣医師に多くを求める。実際には犬の生活は複雑化し飼い主だけで解決できない問題も増えていると論じる (柿沼ほか 2008: 112) 。飼い主にとって誰から飼育知識を得ているかは、「都市の犬」を考えるうえでも、「コミュニティにおける犬」にとっても重要な問題である。この点について調査結果から実態を明らかにしたい。

アメリカ人の獣医師アーロン・カッチャーと前述したベックも、都市における犬について、都市に特有な問題をあげている。彼らは、1980年時点でのアメリカでの犬飼育世帯を、全体の40% と推定し、飼育世帯当たり1.5頭と推定している。

また、単身者に飼われている犬は全体の5%であり、子どものない家に飼われているのは9%、10代の子どものいる家族の半数が犬を飼っていると推定している。大型犬が深刻な咬みつきの原因となることから、都市においては小型犬が奨励される。さらに、都市においては、飼い犬の総数コントロールの必要性があること、このために2匹以上の場合は特別な評価・犬舎・ライセンスが必要であること、放し飼いの問題性、狂犬病の予防注射の必要性を指摘している(Beck and Katcher 1983=1994: 74)。さらに彼らは、アメリカにおいて5250万匹と推定した犬の75%が、都市と郊外で飼われていることを示した。彼らによれば、アメリカでは90年代になると飼い犬は減少しはじめた。その理由は、飼い主の生活様式の変化による。そして、ペットを飼う場合には、仕事や旅行の予定を前提として、家の広さが問題とならず、手がかからない猫を選ぶようになったと論じる。彼らによれば、都市での犬に関する苦情は病気、咬みつき、糞による環境悪化、迷惑などである。また、放し飼いにより動物の交通事故や捕獲が多く、犬にとって都市は安住の地ではない。問題の原因の多くは飼い主の不注意や身勝手にあり、責任は重大であることを指摘している。これらの原因により、ペットを飼う人と飼わない人は互いに不満を持つのである(Beck and Katcher 1996=2002: 299-323)。

前述のフォーグルも犬の排泄物放置の問題を、コミュニティの問題としてとりあげている。フォーグルによれば、犬の排泄物の問題は、排泄物に含まれる犬回虫の害ではなく、コミュニティの環境美観の問題であり、処理しない飼い主は反社会的と考えられると指摘している（Fogle 1984=1992: 133-4)。この点は「ペットフレンドリーなコミュニティのあり方という観点から論じる。

飼い犬の問題をコミュニティの問題と位置づけるならば、さらに空間の観点からの議論が求められるであろう。アメリカ人で都市の公共環境を専門とする、ロウカイトウーサイダーリスらは、サイドウォーク (Sidewalk) のレベルからの空間論を展開している（注1）。彼女は、サイドウォークが「都市の主なパブリック・プレイス」であり、「都市の非常に活動的な器官」であるという、ジェイコブスによるサイドウォークの定義（1965）を援用しつつ、サイドウォーク利用の多様性を論じている。彼女らは特にサイドウォークでの、通行人に脅威となり不快を与える活動が、認められなくなっていること、望ましくない人物やその活動が、管理される場になったことに注目をしている。このことにより同質的なコミュニティに変質したサイドウォークを、批判的に論じている (Loukaitou-Sideris 2012: 3-9)。本研究においては、飼い犬をつなぐリードから解放され、自由に飼い犬を遊ばせることができる、公園やドッグパークの意義と機能と社会的文脈に注目する。このようにアメリカにおいては、飼い犬は「都市の犬」であり、コミュニティにおける「コンパニオン・アニマル」としての犬でもある。本研究においては飼い主がイメージする飼育マナーの悪い飼い主像という観点で分析を行う。さらに、都市の犬の存在を「ペット・フレンドリーなコミュニティ」の条件としてそのモデルを明らかにする。

2-1-4. 「ペットフレンドリーなコミュニティ」は「サードプレイス」となりうるか。

アメリカ人の都市社会学者である、レイ・オルデンバーグによるサードプレイス論では、コミュニティの中心としての「サードプレイス」(注2)を論じている。オルデンバーグは「サードプレイス」を、「インフォーマルな公共生活の中核的な環境」であると定義している。彼にはよれば、第1に家庭があり、第2に報酬や生産の場があり、第3に「サードプレイス」としての広く社交的なコミュニティが、ちょうど三脚のようにあるという (Oldenburg 1989=2013: 59)。オルデンバーグは今日のコミュニティ喪失の原因の一つを、インフォーマル空間の切り捨てにあると論じる。こうした切り捨ての背景として、オルデンバーグは狭義の都市開発としての土地利用規制を批判する。オルデンバーグによればあらゆる都市開発は、人びとが歩くことと話すことを嫌うという。さらに彼は徒歩という移動手段は、人との触れ合いをもたらし、偶然と非公式の要素が強いと、「サードプレイス」の特徴を明らかにしている (Oldenburg 1989=2013: 11-32)。

オルデンバーグのいう「サードプレイス」は近隣住民を団結させる機能を持つ。「サードプレイス」は若者と大人を一緒に寛がせ、楽しませるという崇高な機能を持っていたが、その機能は失われ、世代間の敵意と誤解と暴力があると論じる。オルデンバーグは、本来子どもと大人と高齢者それぞれのニーズを満たす都市計画は、万人にとっていいものであるはずだと指摘する (Oldenburg 1989=2013: 5-13)。

彼は「サードプレイス」ならではの人間関係とは、深入りしない関係であり、近隣ではない気楽さにより、家庭や職場から「中立の領域」にあると説明する。彼は「サードプレイス」が日常生活の普通の一コマであり、所有していないにもかかわらず、私有の意識をもたらし、気楽さと利用者の存在の自由を認めていると論じる。また、オルデンバーグはアメリカ社会の高い流動性をあげ、流動社会化し容易に溶け込めない社会となっていること、転居をすればするほど住宅地に入り込むことが難しくなっていることを、「サードプレイス」の喪失から説明している。この点は、たびかさなる転居により、一か所に住み続ける場合の、不十分な住環境の長期的影響から逃れているとも論じている。「サードプレイス」の心地よさは「ペットフレンドリーなコミュニティ」にも見出すことができるのだろうか。できるとすれば、人々の結びつきはどのようなものになるのだろうか。

「サードプレイス」はあらゆる人々を受け入れ、特定のテーマに何の関心もない人、自分とそりが合わない人とも、折り合いがつけられるか、その一員となれるかが大きな関心である。この点においては、「下位文化」とは袂を分かつと考える。また、オルデンバーグはアンダーソン (Elijah Anderson) がアフリカ系のコミュニティを鋭く分析できたのは、「サードプレイス」としてのアフリカ系スラムのバーに受け入れられたからであると、分析している (Oldenburg 1989=2013: 87-97)。

・郊外生活批判と狭義の都市開発と「サードプレイス」

オルデンバーグは「サードプレイス」を、郊外生活批判をモチーフとして論を展開している。彼によれば郊外生活は若者にとって目的の喪失と退屈をもたらし、そこでの自由とは「人とつき合わない自由」、「切断の自由」であると指摘している。彼は「サードプレイス」を安価な寛ぎの場であると繰り返し例示している。彼が「サードプレイス」に対置する郊外生活は、インフォーマルな公共生活がないために、アメリカのミドルクラスの生活様式は非常に高価となり、その分家庭向け娯楽産業が繁盛すると指摘している。「サードプレイス」と周囲の環境の関係についてオルデンバーグは、開発を行う主体が効率化のために、計画された利用法や活動しか認められない空間という問題を指摘している。一方で住民は家庭外への関心が低くなってしまっているとオルデンバーグは指摘した (Oldenburg 1989=2013: 49-56)。本研究では調査結果から、「サードプレイス」としての「ペットフレンドリーなコミュニティ」の可能性を示したい。

・「ペットフレンドリーなコミュニティ」との接点

公園において犬のリードを外し交流する飼い主たちの姿から、「サードプレイス」としての場所性を見出すことは可能だろう。職業や社会的地位にかかわらず、飼い犬と飼い犬への関心に導かれて、集まる人々という実態がみられる。オルデンバーグの翻訳書では、巻末にアメリカ人で日本の都市文化を研究する、マイク・モラスキーによる解説が試みられている。そこでは「サードプレイス」を具体的に規定するために、「サードプレイス」とは、①「とりたてて行く必要がない」②「いつでも立ち寄って、帰りたいと思ったらいつでも帰れる」③「その場所が提供している品物やサービスとは別の目的で行く」という点が重要であると論じられている（モラスキー 2013: 479）。この点を「ペットフレンドリーなコミュニティ」としての公園にあてはめて考えることとする。

2-1-5. 下位文化としてのペットフレンドリーなコミュニティ

「ペットフレンドリーなコミュニティ」を、都市とパーソナル・ネットワークの文脈から論じる必要があるだろう。多くの人々を引きつける「都市の効果」とは何であろうか。ワースを嚆矢とする1920年代からのシカゴ大学の研究以来、都市社会学ではこの問題の解答を追い求めている。フィッシャーは都市の効果とは、都市生活に浸透している「非通念性」(unconventionality) であると考える。フィッシャーは都市という人口の集中が、下位文化の多様性をもたらし、それを強化し、普及していくと論じる。多様性を前提とした、下位文化の強化と普及がフィッシャーの議論の中心にある(Fischer 1978=1983: 50)。これらの論点から、ペットフレンドリーなコミュニティを下位文化論との接点で考察し、その可能性を探ってみよう。フィッシャーは下位文化を以下のように定義している。

> 私は、下位文化を次のように定義したい。それは人びとの大きな集合——何千人あるいはそれ以上——であって、▼共通のはっきりとした特性を分かちもっており、通常は、国籍、宗教、職業、あるいは特定のライフサイクル段階を

共有しているが、ことによると趣味、身体的障害、性的嗜好、イデオロギーその他の特徴を共有していることもある。

▼その特性を共有する他者と結合しがちである。

▼より大きな社会の価値・規範とは異なる一群の価値・規範を信奉している。

▼その独特の個性と一致する機関（クラブ、新聞、店舗など）の常連である。

▼共通の生活様式をもっている。(Fischer 1982=2002: 282)

本研究では、犬を飼育する飼い主と「ペット友人」とのネットワークに注目している。「ペット友人」とは、飼い主にとって飼育に関する知識の源泉であり、セキュリティの確保された旅行時の預け先でもある。「コンパニオン・アニマル」としての犬を中心とした生活様式は、「より大きな社会の価値・規範とは異なる一群の価値・規範を信奉している」とみなすことができだろう。同時にそうした価値・規範を共有している。ペットを自由に遊ばせる公園などの広い公共空間は、リード使用・解放その他に関して明文化され、公表されているルールがあることから、フィッシャーの定義での、「独特の個性と一致する機関」とみることができる。本章での課題は、下位文化としてのペット友人ネットワーク論と言い換えることができる。

2-1-6. パーソナル・ネットワーク論としての「ペットフレンドリーなコミュニティ」

フィッシャーは個人が生活を構築する一部分として、ネットワークを構築する点に注目する。フィッシャーのいうパーソナル・ネットワークは、個人の様々な事情のパターンとしての社会構造に制限されつつ、パーソナル・ネットワークを形成し維持する。そこにおいて、彼らの住む場所が「関係の引き出す貯水池」を形成し、関係を容易に維持できるようにしている (Fischer 1982=2002: 20-5)。

フィッシャーはネットワークが「同種交配的」と考え、経験、態度、信念、価値観を共有し、類似した振る舞いをするとみなす。彼らは共通の文化を発達させ、重複するパーソナル・ネットワークを持つ、これがフィッシャーのいう下位文化である (Fischer 1982=2002: 26)。本研究がテーマとする「ペットフレンドリーなコミュニティ」の場合でも、住む場所の効果は大きい。しかしながら、本研究の結果からは、飼い主の社会経済的な状況、フィッシャーであれば事情のパターン、よりも飼い犬が同一の犬種であるか否かが重要視されている。このことはきょうだい構成や性別など、子育てにおけるネットワークにおいても同様であろう。一方で、フィッシャーの調査結果で示される、ネットワークの社会的文脈は本研究の知見においても同様な示唆をしている。フィッシャーは交際相手を、親類、仕事仲間、隣人、同じ組織の成員、友人、知人、その他（友人の配偶者、依頼人、顧客、元配偶者）に分類し回答させ、これを関係性の起源により類型化した。そこでは、近い親類、拡大親族、仕事仲間、隣人、組織成員仲間、その他、に加えて「純粋な友人(Just Friends)」をあげている(Fischer 1982=2002: 68-72)。筆者はここでの「純粋な友人」が、「ペットフレンドリーなコミュニティ」における「ペット友人」であると考える。フィッシャーによる調査結果ではパーソナル・ネットワーク全体の23%にあたる「純粋な友人」が、学歴により比較的に規則的に増加している(Fischer, 1982=2002: 72)。ペットフレンドリーなコミュニティ調査では、高学歴層の回答に偏りが生じてしまったが、フィッシャーのいう「純粋な友人」としての「ペット友人」に、飼い主が求めるサポートについて明らかにする。具体的には旅行時の預け先としての隣人とペット友人の違いを分析し明らかにする。

フィッシャーは隣人や親族、組織成員とは異なり、「純粋な友人」が自発的な選択によることを明らかにしている(Fischer 1982=2002: 161)。ペットフレンドリーなコミュニティにおいては、どのような場所で出会ったかをきっかけとして、自発的な選択のあり方を示したい。また、フィッシャーはソーシャル・サポートを、「相談」「親交」「実用的」からなるという(Fischer 1982=2002: 186)。「ペットフレンドリーなコミュニティ」においては、「ペット友人」に求めるサポートの内容を明らかにしたい。

注1 “Side walk”は車道に沿った、歩行者用の歩道である。ここではドゥニエール(Duneier 1999)やロウカイトウ―サイダーリス(Loukaitou-Sideris 2012)が描き出した、公共的空間を示す意味で「サイドウォーク」と表記する。

注２　オルデンバーグの邦訳タイトルである「サードプレイス」は、原著タイトルでは“The Great Good Place” である。

2-2　コミュニティ疫学の方法

2-2-1.　混合研究法の可能性とニーズ

社会学研究においては、すでに質的研究・量的研究(注1)の境界は融解し、１つの可能性として混合研究法が議論されている。教育社会学者である中村高康によれば、混合研究法は実践志向を背景として立ち上げられたが、１つの研究法として正面から取り上げられてはいないと位置づけられている(中村 2013: 5-11)。中村は混合研究法が手法の併用ではなく、統合にあると注意をしつつ、混合研究法の４つのパターンを示す。中村による４つのパターンとは、⑴単一の研究においてミックスする、⑵研究課題に応じてミックスする、⑶各方法の利点を生かし、弱点をカバーするようにミックスする、⑷方法技術だけではなく、問題設定から結論の推論段階までを含めてミックスするである (中村 2013: 7)。中村の議論からは量的・質的を統合し、新たな方法を確立しようとするニーズと可能性が表明されている。本研究では⑷の問題設定から結論の推論段階までを含めたミックスを志向したいと考える。

2-2-2.　質的調査史をめぐって

質的・量的に架橋する可能性を探るのであれば、筆者は質的研究からアプローチを行いたい。コミュニケーション論や社会調査法を専門とするアメリカの社会学者ノーマン・デンジンらによれば、質的研究の歴史は7つの時代に分けられる。

第1の時代は1900年代初頭から第二次世界大戦までの時代であり「伝統の時期」と呼ばれる。デンジンらはこの時代について、マリノフスキー、デュ・ボイスとシカゴ学派の研究に言及している。

第2の時代は「モダニズムの局面」である。デンジンらは、この時代の質的研究において観察者が準統計学を利用していたと特徴を示している。またデンジンらはこの時代、質的研究者が「文化ロマン主義者」という研究者像が、強固になったと特徴づけている。

1970年から1986年までの第3の時代は「薄れゆくジャンルの時代」とデンジンらは呼んでいる。ジャンルのディアスポラとも表現されている。

1980年代半ばからは深い断絶が生じ、デンジンらは第4の時代を「表象の危機」と表現している。この時代は研究と著述の内省化が特徴づけられている。

第5の時代は「実験的なエスノグラフィーによるポストモダン」である。この時代は「より行動的で参加型の実践志向の研究」が現れ、「大きな物語への希求は、特定の問題や状況に即したより地域的で小規模な理論に取って替わられつつある」とデンジンらは特徴づけている。

「ポスト実験主義」である第6の時代と「未来」と題された第7の時代では、「著述を自由な民主社会の要求に結びつける」という特徴がある（Denzin et al. 2000=2008: 13-20）。この第7の時代におけるゆらぎの一つの表れが、前述した混合研究法に関する議論であろう。

この様な質的調査の困難について、デンジンらは急激な社会変化と生活の多様化、研究者の眼前に新しい社会的文脈や視界が、現れなくなっていると論じ、理論・仮説を立てそれを検証する、演繹的方法が成り立たなくなっていると論じている (Denzin et al. 2000=2008: 10)。こうしたポストモダンの状況に対して、デンジンらはマニング (Manning 1982) による「分析的帰納」を、方法論における挑戦と位置づけている。デンジンらによれば、「分析的帰納」とは演繹的、歴史的－記録的、統計的アプローチとは区別される、「普遍的で因果的な一般化を証明するため、膨大な事例検証を行う非実験的質的社会学的方法」である (Denzin et al. 2000=2008: 54-5)。筆者はこのような質的研究をめぐる困難に対して、疫学研究(注2)が補助線を提供しうると考える。

2-2-3. 疫学研究とその方法について

疫学研究者である鈴木庄亮らによれば、「疫学は衛生・公衆衛生学すべての基本中の基本であり。集団の健康レベル (疾病現象) を測定し、その原因を解明するとともに予防対策を立案し、その効果を評価する」研究分野である。鈴木らは、疫学を「人間集団における疾病の分布とその発生原因を研究する科学」と定義している (鈴木庄亮 2009: 38)。この点からは、人間集団を対象としていることから、動物を対象とすることは考えられていない。「ペットフレンドリーなコミュニティ」を視野とする本研究では、ここであげられている疾病に人獣共通感染症を含むと考え、コミュニティ疫学の可能性を考えている。

疫学は疾病の分布と発生原因を研究し、感染症発生の差異の原因と条件のあり方を調べる研究分野である。鈴木らによればそこには個人ではなく、集団全体から疾病の起こり方を観察する、予防医学的側面が含まれている。また彼らは、疫学が分布状態を記述する記述疫学と発生原因の分析を行う分析疫学からなると説明する。鈴木らによれば、記述疫学における記述は、「人間」「空間」「時間」(注3)という軸から行われる。

鈴木らは「人間」に関する記述法としては、以下のような要因を挙げている。要因は①性別および年齢、②人種・民族、③遺伝、④体格、⑤性格・心理、⑥結婚・妊娠・分娩、⑦嗜好、⑧職業、⑨社会経済状態・教育歴、⑩宗教・風俗習慣であり、鈴木らは①性別および年齢が最も重要な要因であると論じている (鈴木庄亮 2009: 38)。コミュニティ疫学と題した本研究でも、①性別および年齢、⑥結婚・妊娠・分娩、⑧職業、⑨社会経済状態・教育歴を質問項目として採用している。「ペットフレンドリーなコミュニティ」を目指す本研究では、上記の4つの要因を説明変数として採用することが妥当であると考える。さらに飼い犬と飼い主の間の歯周病伝播を取り上げる場合には、上記の要因には含まれていない居住の実態が必要になるだろう。加えてコミュニティのあり方を探るうえで、ネットワークとしての「ペット友人」を付け加える。本研究は、このように記述疫学とコミュニティ調査の間を架橋することを意図する。

衛生統計学者である福富和夫と医学統計学者橋本修二によれば、記述疫学と分析疫学は車の両輪の関係あるという。記述疫学では、疾病をめぐって、時間的集積性、家族集積性、流行の規模と広がり、社会的特性についての仮説構築を行うという。さらに彼らは、記述疫学研究を通じた仮説を証明するのが分析疫学であると説明する（福富・橋本 2002: 156-60）。この意味で記述疫学と分析疫学は、社会調査における事例研究と統計研究という位置づけにおいて理解することができるだろう。記述疫学がとりあげる社会的特性の一つとして、本研究では「ペットフレンドリーなコミュニティ」とそこにおけるシビリティ（civility）を調査研究の中心に据えることを考えている。

2-2-4. 疫学研究から新たな社会疫学研究へ

アメリカの医療社会学者レオナルド・シームによれば、社会疫学（Social Epidemiology）は個人レベルにとどまるものではなく、家族・近隣・コミュニティ・社会集団への注目が必要となる。シームは疫学における「コミュニティ調査」が個人の行動と、疾病の発生に結びつく特性の綿密な記述からなるとしている。シームは社会疫学が大集団のなかの人々の臨床的調査法を採用すると特徴づけている。シームはデュルケームの『自殺論』を疫学的研究として、高く評価している(Syme 2000: ix － xii)。

共にアメリカの公衆衛生学者であるリサ・バークマンと社会疫学者イチロウ・カワチは「疫学は人々の健康の決定因と広がりを扱う」という定義を引用しつつ、社会疫学のテーマはコミュニティの文脈における疾病の社会的決定因と、さまざまな健康の悪化に影響する社会的条件を探ることであると宣言する。彼らによれば、疫学の古典的研究では、貧困や劣悪な住宅、労働環境に注目が置かれているという。彼らは疫学の新しい視点として、文化変容、社会的地位、地位非一貫性、生活変容による説明の有効性をあげている。その考えによれば、変容する社会構造における、個人の位置がしばしば人を弱体化し、特定の行動パターンが特定の疾病に導くと考えられている。彼らによればさらに現在は、社会解体、移民、差別、貧困、過酷な職業生活が個人の弱体化の契機となっており、「個人レベルとブラックボックスの疫学」から、「新しいマルチレベルの疫学」への転換が求められていると論じる。この点は、原子化した個人が、どのように現代社会を生きるかという問題と言い換えることができるだろう。この問題を考えるときに、自由な個人がどのように社会の「重力」を感じるのであろうか。バークマンらは社会的文脈の下での、個人の選択について、社会環境の影響から説明を試みる。彼らの説明によれば、個人に影響をもたらすのは、⑴規範の形成、⑵社会管理のパターン強化、⑶特定の行動にかかわる環境機会、⑷特定の行為が対処効果を持つストレスの増減である。彼らは社会環境との接点によって身体的および精神的健康を分析する具体的な視座として、文脈的マルチレベル分析を提案している。この分析は、社会環境を示すエコロジカルレベルでの接触、個人にとっては店舗の数や公園、住宅物件など環境またはコミュニティレベルでの接触評価に注目する。彼らが強調するように、社会疫学は特定の要因よりも、社会的要因の重要性を重視し、マルチな副専門分野の発見を特徴としている。実態として、社会疫学は現在、諸社会科学から概念や方法を取り込んでいる状況にあると位置づけられている(Berkman and Kawachi 2000: 3-8)。

彼らの主張からはライフスタイルに対する社会疫学の関心をくみ取ることができる。疫学研究から社会学を含む社会科学への多様なアプローチに対して、社会学はこれまでに応じたことがあっただろうか。先駆的な研究としては園田恭一の研究（園田 2010）をあげることができる。都市的な生活環境の実態に迫ろうと考える筆者の視点からは、都市的ライフスタイルに対する社会疫学的視点が、新たな課題になっていると考えられる。疫学研究には具体的な方法として、記述疫学が含まれている。記述疫学は地域調査と同一の対象を、きわめて近接する、異なるルートからのアプローチと考えられる。そして、バークマンらが論じるように、記述疫学においても家族・近隣・コミュニティ・社会集団への注目が求められている。さらに、古典的疫学から社会疫学への転換と同様に、社会調査における地域調査の再考が求められているのではないか。筆者は社会疫学の方法と視点に、地域調査の新たな可能性とチャレンジを見出す。

社会人口学者である中川雅貴らは日本において、健康格差や社会疫学については研究の蓄積が少なく、それらのはじまりの時期にあると位置づける。中川らは、社会的ネットワークとソーシャル・キャピタル概念が導入され、ネットワークと健康の関係をめぐる分析が重視されていると指摘する。中川らの扱う大規模データは約11万人と膨大なスケールである。データ構築の上では各個人が属するコミュニティが、特定可能な階層構造を持つ「ネスト化」の必要性を指摘する。

このことは、集団レベルにおいて観察されることが、個人レベルでは該当しないという、「生態学的誤謬」を避けるためだと中川らは注意を発する。中川らは、ソーシャル・キャピタルが集団的特性というだけでなく、個人的特性と考え、個人レベルと地域単位での社会・環境変数としてマルチレベルな分析を志向する（中川他 2013: 52-7)。筆者は彼らの注目する社会的ネットワークとソーシャル・キャピタルの一例として、ペットの飼い主間での「ペット友人」と「ペットフレンドリーなコミュニティ」を位置づけることが可能であると考える。徒歩圏に位置するドッグパーク等をネットワークの結節点とみて、本研究では個人レベルと社会・環境変数をマルチに分析するアプローチとして位置付ける。

2-2-5.　社会調査の新たな地平へ

社会学と疫学の関係を考える場合、量的なデータを取り扱う定量的研究と、数量になりえない質的データを扱う定性的研究の視点を超えて、新たな地平を模索する必要がある。この点については、アメリカのマクロ経済学者であるロバート・キングら (King et al. 1994=2014) が論じている。キングらは、定量的研究と定性的研究の結び付けを企図している。彼らによれば、定量的研究と定性的研究は単なるスタイルの違いに過ぎない。彼らは推論の論理を統一的に適用することによって、定量的研究と定性的研究を結び付けることを試みる。彼らは、優れた定量的研究や定性的研究が、1つの根元的な推論の論理に基づいていると指摘する。優れた研究は定量的研究と定性的研究の、それぞれの特徴を備えていると論じる。具体的には定量的研究における、推論のモデルに注意を払うことを要求する。彼らにとっては、統計的モデルにおける抽象性が推論のルールの本質である (King et al. 1994=2014: 3-5)。

キングらが考える社会科学的方法とは、現実の世界を対象に詳細な記述による記述的推論と、因果関係を提示する因果論的推論を行うものである。また、研究とは「本質的に不完全な研究設計と不完全な経験的データに、推論の論理を不完全な形で適応していくものである」と論じている。ここでいう記述的推論とは、観察を用いて観察されていない事実を学ぶことであり、因果的推論とは、観察されたデータから、因果関係を学ぶことである (king et al.1994=2014: 6-7)。

キングらは、理論とデータの結合について、「仮説の観察可能な含意 (Observable Implication)」の重要性に言及している。訳者上川龍之進による注 (king et al.1994=2014: 11) によれば「仮説の観察可能な含意」とは、その仮説が正しければ、当然に生じるはずであろう事象である。キングらは「仮説の観察可能な含意」と事実の観察がかみ合うことを求める。キングらは、すべての社会科学において、できるだけ少ないことで、できるだけ多くのことを説明することを要求する。キングらはこの関係を「てこ比」と表現し、社会科学全般での「てこ比」の低さを指摘している。この「てこ比」を高める方法として、キングらは、仮説がもつ観察可能な含意を増やして、それを確かめることを求める (Gary et al.1994=2014: 34-5)。本研究においては、個人—生活様式—疾病を扱うことで、高い「てこ比」を期待できる社会疫学の方法を用いる。
キングらは、事例の収集とその活用方法について、詳細な事例研究では、因果関係に関する仮説を発展させることによって、質の高い記述を補完する効果を持つと論じる。また、彼らは推論が既知の事実を用いて、未知の事実を推測する過程であることから、事実を整理する最良の科学的方法は、事実を理論や仮説の「観察可能な含意」として整理することを提案する。彼らはこれらの利点として、理論の「観察可能な含意」の数を増やすほど、仮説の検証がしやすくなると論じた。加えて、事実を収集することが仮説の「観察的な含意」を収集することであるならば、定量的研究と定性的研究の共通点を明示することになると論じた (Gary et al. 1994=2014: 54-6)。コミュニティ疫学と位置付けた本研究では、具体的な病気の伝播を取り扱うことで、キングらのいう「観察可能な含意」を明確に示すことが可能である。コミュニティ疫学における推論とは、犬への歯周病伝播を左右する変数を具体的に想定することである。
教育学者である箕浦康子は「知」への3つのメタアプローチを、「実証的アプローチ」「解釈的アプローチ」「批判的アプローチ」として比較している。「批判的アプローチ」では、脱構築により現状を変革させることを目指す。社会構造を変えていくことに力点が置かれる。本研究が位置すると考えられる「解釈的アプローチ」について、箕浦は人々の観点に基づいて社会的現実が構成され、言い換えればどのような思い込みの世界に、生きているかを描くことにあると説明する。そこでの研究の焦点は「行動に埋め込まれた意味に注目」し、研究者のスタンスは「調査参加者の居る場に参与」し、「質的なデータを得る」ことに特徴があると説明している(箕浦 2009: 3-5)。箕浦は「解釈学的アプローチ」のデータを「質的データ」と説明している。コミュニティ疫学では、歯周病菌を検知するPCR分析を含めた記述疫学の方法として、「実証主義アプローチ」が提出する「数量的データを得るための実験や調査」をも可能にしている。本研究ではコミュニティ疫学の特性として、従来の「解釈学的アプローチ」に留まらないアウトプットを期待できる。一例としては疫学調査の利点を活用した、「疾病群」と「健康群」の比較である。

イギリス人の社会学者マイケル・ブラウォイらは「拡大事例研究法」(Extended case method)を提案し、既存の調査方法の革新を目指している。彼らが批判をするのは、人為的で不自然な状況下におけるインタビュー調査である。彼らは日常生活における社会学的な視線を意味あるものと考え、Natural Sociologyの視点を持つ。この視点では、社会科学が「理解」と「説明」からなり、「理解」は行為者と観察者の「解釈的次元」において行われ、「説明」は観察者または研究者の関心により、理論とデータによる、科学の次元において行われると論じる(Burawoy 1991: 8-11)。この点についてブラウォイらは、異なる地平に位置づけられ、「調査する側」と「調査される側」間の不平等性を乗り越えようとしていること、その目的のために「生活世界」における理解に努めようとしていることがわかる。しかしながらこの位置取りは、諸刃の剣であり、圧倒的なフィールドのリアリティに飲み込まれてしまうことに、注意が必要であると考えなくてはならない。この点について、ブラウォイらは実に慎重に、方法論の提案をしている。ブラウォイらは社会科学におけるデータが、調査対象者としての行為者のコミュニティにおいて構成されたものであることに、注意を促す。さらに、彼らの提唱する「拡大事例研究法」では、社会的状況 (Social situation) が外部の作用によって形づくられるかを検証する。対面的関係に基づく生活世界が、マクロな外部によって条件づけられていることを示している。ブラウォイらによれば「拡大事例研究法」は、ミクロにおけるマクロからの効果に関して、精緻化を企てている。具体的には外部からの威力により特定の社会状況発生を説明するものである。ブラウォイらは、「一般化不可能」、「伝達不可能」や「非歴史性」という、伝統的な参与観察に対する批判に、反論を試みている (Burawoy 1991: 271-7)。

表 1: 参与観察に対する批評への反論 (Burawoy 1991: 273)

		社会的状況の重要性	
		特定的	全般的
分析レベルの方向性	ミクロ	エスノメソドロジー	グラウンデッドセオリー
	マクロ	拡大事例研究法	解釈的事例研究法

アメリカ人の社会学者ミッチェル・ドゥニエルはブラウォイらの方法について、彼らがマクロとミクロ間の結びつきの理解について、関心を持っていることを認めるが、彼らが理論の再構築とミクロ・マクロ間の結びつきの重要性について、直接的な関連づけに失敗していると指摘している。ドゥニエルはミクロ・マクロ間のリンクを作ることが、最も効果

的または厳格な、理論の再構築とは考えていない。ドゥニエルは、ブラウォイらによる「拡大事例研究法」(Extended case method) に対して、「拡大空間研究法」(Extended place method) を提案する。空間こそが分析の出発点であり、具体的な空間と背景となる現実との構造的リンクから学んでいると論じている (Duneier 1999: 344)。ドゥニエルによるニューヨーク・マンハッタン7番街での調査研究は、一人の顔役路上古本商をとりあげた研究である。このような「パブリック・キャラクター」を中心とした研究、街路における参加観察の場合には、ドゥニエルによる「拡大空間研究法」は有効と考えられる。ドゥニエルが採用する、現象から発する問題の拡大的分析、背景から分析する方法の妥当性は、研究対象の特性に左右されると考えるべきだろう。社会調査において、ドゥニエルがいうような「パブリック・キャラクター」が存在する事例は限られていると考えられる。本研究を行ったドッグパークでは、そのような個人を見出すことはできなかった。本研究はコミュニティ疫学を目指し、ドゥニエルが提唱する特定の空間や個人から出発する「拡大空間研究法」よりも、ブラウォイらの方法、対象を (about) 学ぶのではなく、対象から (from) 学ぶ、さらには理論の再構築を通じた総合化を志向する「拡大事例研究法」に与するものと考える。

コミュニティ疫学は、社会調査における実践性をめぐって、これまでの社会調査とは異なる貢献を期待される。ここでいう実践性とは回答者が、大きな関心を持って回答することである。具体的な生活関心に応える社会調査としての貢献である。事例調査においては、再現性と代表性の確保が重要な問題となる。多様化する現代社会では、これらの確保が一層困難になっている。コミュニティ疫学では、犬の飼い主という触知的な対象から回答を得ている。そのことにより、多くの回答者の求める知見を提示することが可能になっていると考える。実際に調査において、回答者が飼い犬の歯周病菌保有について、調査結果を希望することが多かった。飼い犬の歯周病について情報を得たいという関心が調査協力を具体化したのである。このことは調査結果を通じて、「ペットフレンドリーなコミュニティ」の具体的な姿を提示することであり、そこで住民に求められる「ペットフレンドリーなコミュニティにおけるシビリティ」を提示することである。

注1　質的研究・量的研究あるいは定性的研究・定量的研究などの表記法については、引用文献の表記に従った。

注2　本研究が実施に関する審査を受けた、「麻布大学ヒトゲノム・遺伝子解析研究に関する倫理審査委員会」では、解析結果について本人に対しても告知に対する制限を課している。遺伝子レベルでの解析結果が、個人に対して大きな影響を与えるからである。本調査研究はヒトゲノムを取り扱わないが、回答者自身に対する分析結果は告知しない。しかしながら、飼い犬については分析結果を求めに応じて告知した。飼い主からの歯周病伝播事例について、その条件を知りたいという希望があった。

注3　疫学においては、しばしばデュルケーム『自殺論』が引用されている。自殺という病理現象を記述疫学として分析して

いるからである。「時間」については、出生年が同一の集団を、加齢を考慮して分析した「コーホート分析」が行われる。

3　調査データの分析

3-1　2013年および2014年アメリカ調査結果分析

3-1-1.　はじめに

麻布大学環境社会学研究室による ”Pet-friendly Community Research 2013”（以下2013調査と表記）は、2013年9月1日から11日にわたって実施された。質問紙調査は9月2日（米国祝日）朝カリフォルニア州サンフランシスコ市の住宅街にあるアラモスクエアパークにおいて、9月7日（土）と8日（日）朝ニューヨーク市ブルックリン区フォートグリーンパークにて実施した。合計43票、そのうち無効票2票、有効回答41票、サンフランシスコ（CA）調査18票、ブルックリン（NY）調査23票である。

2014年には ” Pet-friendly Community Research 2014”（以下2014調査と表記）を、2014年8月28日から9月9日にわたって実施した。質問紙調査は8月30日（土）31日（日）と9月1日（米国祝日）午前ニューヨーク市ブルックリン区ヒルサイドパークおよびピア6ドッグパークとフォートグリーンパークにおいて、9月6日（土）7日（日）午前カリフォルニア州バークレイ市ノースバークレイ駅の住宅街にあるオーロンパークにおいて実施した、合計33票、有効回答33票、ブルックリン（NY）調査23票、バークレイ（CA）調査10票である。これらの調査を通じて、74票と唾液サンプル164本を集めることができた。ここでは両調査結果を単純集計およびクロス集計を行い分析を試みる。なお両調査合計の値については、「調査全体」と表記する。

3-1-2. 回答者の属性について

調査全体での回答者の性別は男性38名、女性36名であった。2013調査では男性23名（CA11名、NY12名）、女性18名（CA7名、NY11名）。2014調査では男性15名（NY9名、CA6名）、女性18名（NY14名、CA4名）である。

回答者全体の年齢構成は30代が最も多く25名、40代18名、50代11名、20代9名、60代7名、70代2名、年齢無回答2名であった。

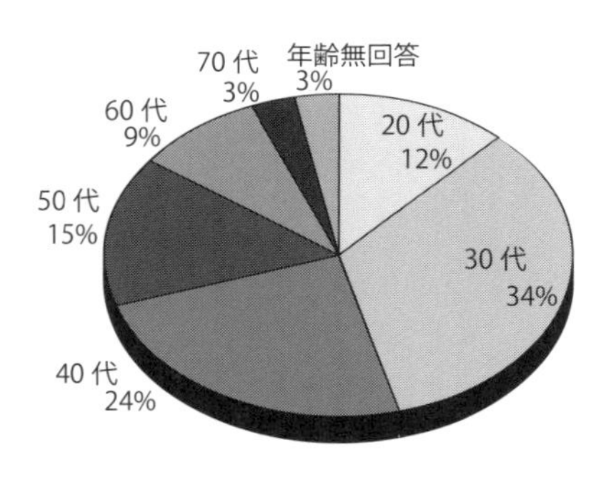

図3-1-1: 回答者の年齢構成（N=74）

3-1-3. 回答者の職業等について

調査全体の現在の職業等は「給与所得者」51名、「自営業」11名、「学生」3名、「現在失業中」4名、「退職者」4名、「専業主婦」が1名であった。2013調査結果には学生が含まれていなかったこと、2014調査結果には「専業主婦」がいなかった点を除いては、ほぼ同様な回答結果であった。

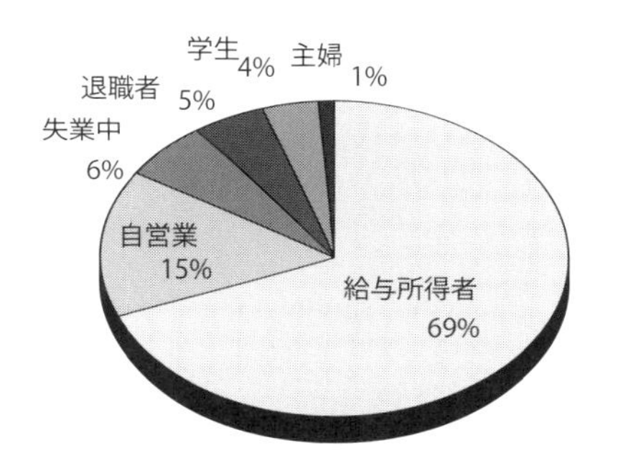

図 3-1-2: 回答者の職業等（N=74）

3-1-4. 回答者の学歴

回答者の学歴は、「大学院修了」35名、「大学卒業」32名、「高校卒業」3名、「短期大学卒業」2名、「その他」2名である。回答者の学歴は極めて高い、この傾向は2013調査と2014

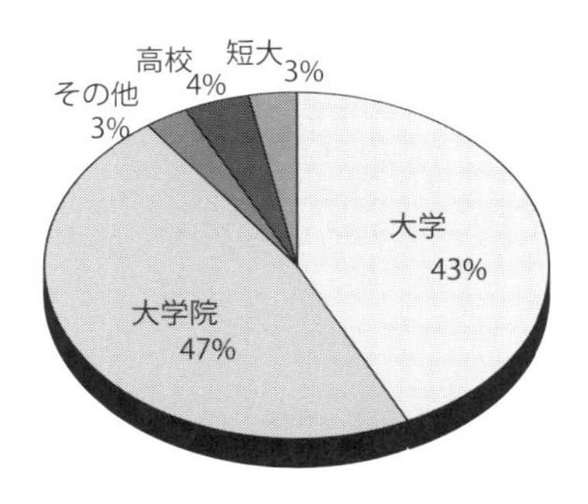

図 3-1-3: 回答者の学歴（N=74）

調査同様の結果である。調査データ全体は高学歴層に偏っていると考える。前述したフィッシャーによる調査結果からすれば、「純粋な友人」の効果がある層と考えられる。

3-1-5. 回答者の出身地

回答者の出身地 (Home town) は以下の表のように分布している。CA 調査回答者は「カリフォルニア州出身者」が28名中18名に対して、NY 調査ではニュージャージー州を含んだ、「ニューヨーク圏出身者」が、46名中21名と半数以下で、それ以外の出身者が半数を超えている。NY 調査では「外国出身者」が多いのも特徴的である。現在の居住地については、居住地の郵便番号 (Zip code) 注1を尋ねた。回答結果からはCA 調査においても、NY 調査においても、帰省中の1名を除く、その他全員が徒歩で調査実施場所に通うことができる場所に住んでいる。

表 3-1-1: 回答者の出身地 (N=74)

	NY 圏出身	CA 出身	CA・NY 圏以外	外国出身	無回答	合計
CA 回答者	2	18	5	1	2	28
NY 回答者	21	2	14	8	1	46
合計	23	20	19	9	3	74

3-1-6. 回答者の年収

回答者の年収については、日本円換算で「501万円～1000万円以下」が25名、「1501万円以上」が22名、「1001万円～1500万円以下」が13名、「500万円以下」が8名、「なし」が4

名、「無回答」2名であった。「なし」の4名は現在の状況について「学生」「退職者」「専業主婦」と回答している。

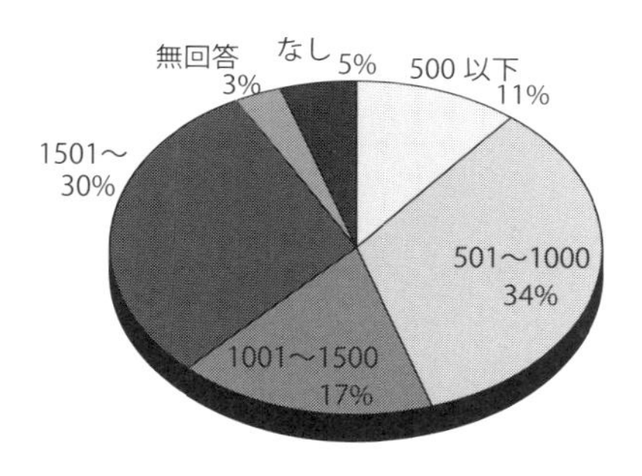

図 3-1-4: 回答者の年収（N=74）

3-1-7. 回答者の住宅種類

回答者の居住する住宅の種類と保有または賃貸については、「賃貸アパート」が25名、「戸建て所有」が19名、公共住宅を含む「分譲マンション所有」が18名、「戸建て賃貸」が

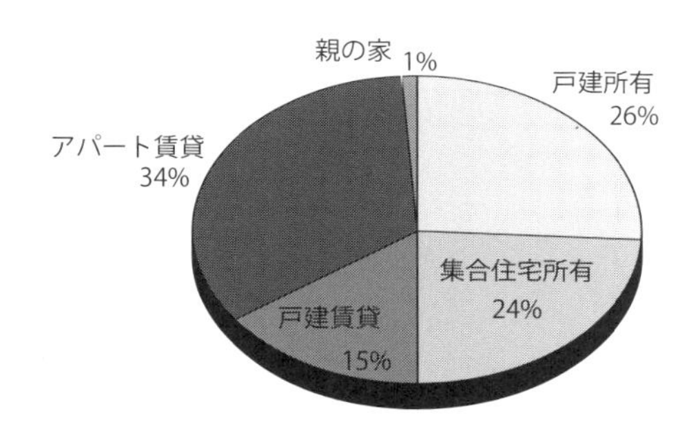

図 3-1-5: 回答者の住宅種類（N=74）

11名、「親の家に住む」回答者が1名であった。2013調査と2014調査を比べると、2014調査ではわずかに「戸建所有」が多く、「アパート賃貸」が少ない。

3-1-8. 回答者の住宅間取り

回答者の居住する住宅間取りについて寝室数をたずねた。「2〜3ベッドルーム」が42名、「ワンルームまたは1ベッドルーム」が21名、「4ベットルーム以上」が8名、「無回答」2名、「その他」1名であった。2013調査と2014調査を比べると、2014調査では、ワンルーム（Studio）または1ベッドルームが少なく、2〜3ベッドルームが多くなっている。

ベックらは家族の一員である「コンパニオン・アニマル」としての飼い犬の条件として、ある程度の居住空間の広さと豊かさが必要であると論じている（Beck and Kacher 1996=2002)。前述した「回答者の年収」や「住宅の種類」からも、ベックのいう「コンパニオン・アニマル」としての飼い犬の実態をみとることができる。

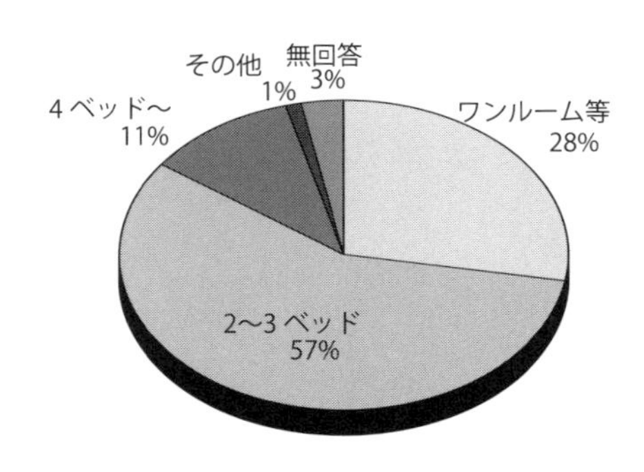

図3-1-6: 回答者の住宅間取り（N=74）

3-1-9. 回答者の同居人数

回答者の回答者本人を含む同居人数合計について、「2名」が43名、「3名」が14名、回答者のみである「1人」が10名、「4名」が5名、「5名」と「6名」がそれぞれ1名であった。この結果は2013調査と2014調査でほぼ同様である。

ベックらは、家族の一員である「コンパニオン・アニマル」としての飼い犬について言及し、犬を飼う家族は「1人」家族よりも、「2人」以上の家族で多いと論じている (Beck and Kacher 1996=2002)。ここでの結果はベックらの論を支持している。この点については山田昌弘の議論とも関連している。山田は現代の家族が「代わりのきかない」「長期的に信頼できる」という点で、ゆらぎの中にあり、「ペットの方が家族らしく、家族の方が家族らしくないという現実」がペットブームを作っていると論じている。山田は結婚や家族に対する高すぎる期待が、「ペット家族」という選択肢を現実的なものにしていると論じる。家族が欲しいという

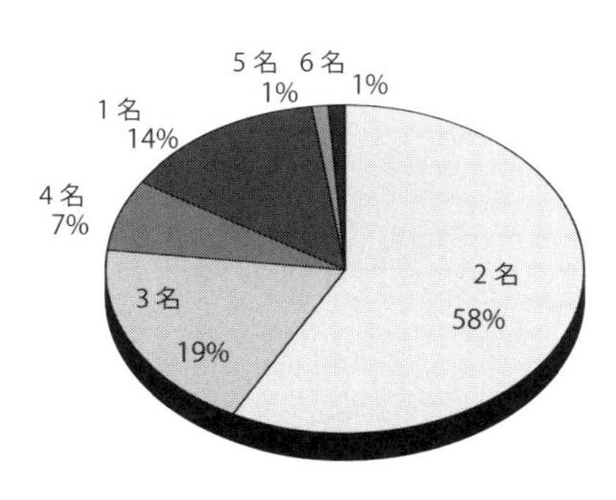

図 3-1-7: 回答者の同居人数合計（N=74）

思いが、「適度な手間をかける必要がある存在」としての小動物に向かうと論じる（山田昌弘 2007）。世帯人数合計「1名」「2名」「3名」という、調査全体で90％におよぶ回答者は、山田のいう「家族ペット」という意識を反映していると考えられる。

3-1-10.　回答者の飼育歴年数

調査結果全体での回答者の飼育歴については、4ヶ月から12年にわたっている。2013調査の結果では、平均は4.2年、中央値は4年、標準偏差は3.1であった。2014年調査では、平均は3.7年、中央値は3年、標準偏差は2.4であった。2014調査の結果はいずれの値も2013調査よりわずかに低くなっている。全体の飼育歴年数をカテゴリー化すると、飼育年数「0～3年」は40名、「4～6年」23名、「7～9年」5名、「10年以上」が6名になっている。

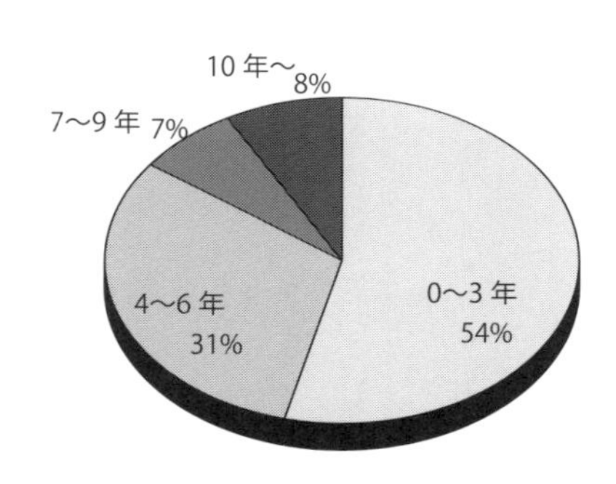

図3-1-8: 回答者の飼育歴（N=74）

3-1-11. 回答者の飼育頭数と犬種

回答者が飼育している頭数については、60名が「1頭」、14名が「2頭」と回答している。犬種[注1]を大型犬・中型犬・小型犬に分類すると、「大型犬」31頭、「中型犬」21頭、「小型犬」19頭で合計71頭である。その他には異なる犬種ミックスにより犬種無回答となっている回答が含まれている。アメリカでは動物介在教育が広く行われていることから、子どものいる家族では小型犬よりも、性格が温厚な大型犬が好まれる。動物介在療法では、自閉症や発達障害の子どもに大型犬を用いることが多い。

前述の山田がいうように (山田昌弘 2007)、「家族ペット」としては無理な繁殖による生物学的商品である小型犬よりも、温厚な大型犬が好まれることが理解できる。大型犬と小型犬について、ベックとカッチャーは、犬種が大型犬であるほど深刻な咬みつきの原因となることから、都市においては小型犬が奨励されると論じている。2013調査および2014調査の回答者は大型犬が多かった。しかしながら闘犬に用いられるような飼い犬を連れている例はなく、2014調査において1頭だけ「ドーベルマン」を連れた飼い主がいた。犬種の選択については、一概に特徴をあげることはできない。また、ベックらは都市において、総数コントロールの必要性があること、このために2匹以上の場合は特別な評価・犬舎・ライセンスが必要であること、放し飼いの問題性、狂犬病の予防注射の必要性を指摘している (Beck and Katcher 1983=1994)。調査結果からは極端な多頭飼いの実態に触れることはなかった。ベックらが危惧する事例に対しては、動物愛護の観点から厳しく取り締まられていると考えられる。

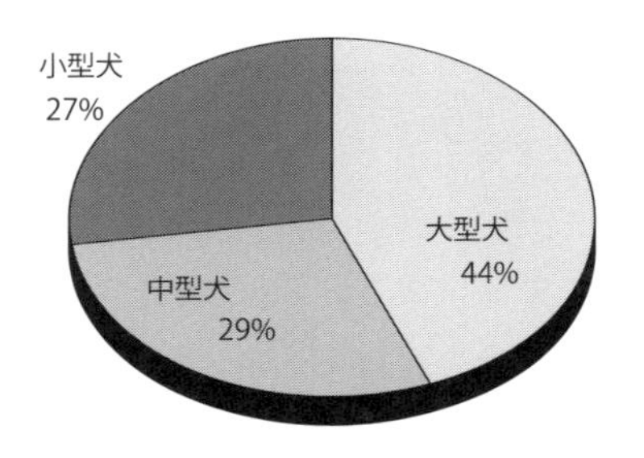

図 3-1-9: 飼育している犬種（N=71）

3-1-12. 飼い犬の犬齢

飼育している犬の年齢は、2013調査での合計46頭の犬齢は、9か月から12歳にわたっている。多頭飼いの場合は犬齢が上の飼い犬を犬齢値として、平均は4.8歳、中央値4歳、標準偏差は3.1であり、飼育年数とほぼ同じである。4歳以上の犬を譲りうけた場合などは、飼育歴よりも飼い犬の犬齢が高くなることがありうる。2014調査での合計35頭の年齢については、3か月から14歳にわたっている。平均は4.0歳、中央値3歳、標準偏差は3.2であり、平均と中央値は2013調査より低くなっている。調査結果全体についても、2頭飼いの場合はいずれか高齢の値を用いて、カテゴリー化し犬齢を示すと、「0～3歳」が31名、「4～6歳」が24名、「7～9歳」が9名、「10歳～」が7名であった。

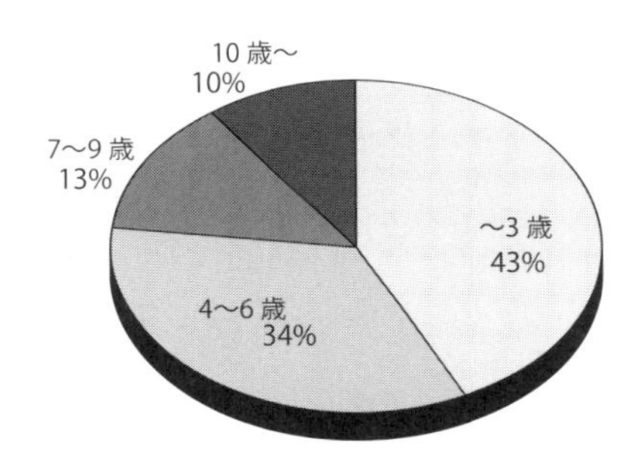

図 3-1-10: 飼育している犬の年齢（N=71）

3-1-13. 給餌とケアーについて

調査結果全体では、1日の給餌回数が「1回程度」が7名、「2回程度」が63名、「3回」2名、「4回」1名であった。中央値・最頻値ともに2回であった。

与えている餌の種類について複数回答可でたずねると、「生肉」が16名、「固形ドッグフード」が61名、「家族の残り物」が14名、特別に調合した餌などを含む「その他」が14名であった。生肉については、犬はもともと肉食であり好む。しかしそれによって犬の野生本能を引き出してしまう恐れがある。また、犬にとっては塩分が多くカロリーも高い、人間の残り物を餌として与えることは犬の寿命に影響している。これらは犬用の餌よりも多く塩分が含まれ、犬にとっては体調を崩す可能性がある餌である。このような餌を与えることは、場合によっては虐待と見なされるのであろう。

2014調査では犬と食器（Table ware）を共有しているかについて質問した。その結果は9名が「共有している」と回答し、24名が「共有していない」と回答している。食器の共有については、PCR 分析結果によって歯周病菌 C.rectus が、飼い主と飼い犬の間で確認された事例において、詳細を明らかにする。

主なケアー担当者については、調査全体の結果では、「自分自身」が担当が47名、「その他」が17名、「自分」と「その他」が担当するが10名であった。2013調査では回答者自身であるという回答が30名、家族全員が7名、回答者ではなく配偶者が2名、2頭をそれぞれで分担と、1頭を子どもを除いて分担するという回答があった。2014調査では、2人で暮らしている家族が全体の半数以上である。主なケアー担当者については回答者自身であるという回答が17名、自分以外が6名、自分およびその他が10名であった。フォーグルは家族における「子どもとしてのペット」の位置づけに言及をしている (Fogle 1987=1995)。同居者「1名」と回答した10名は、必然的に「自分がケアー」を担当することになる。「自分とその他がケアー」も10名であった。子育てにおいては「自分とその他がケアー」は望ましいあり方であろう。

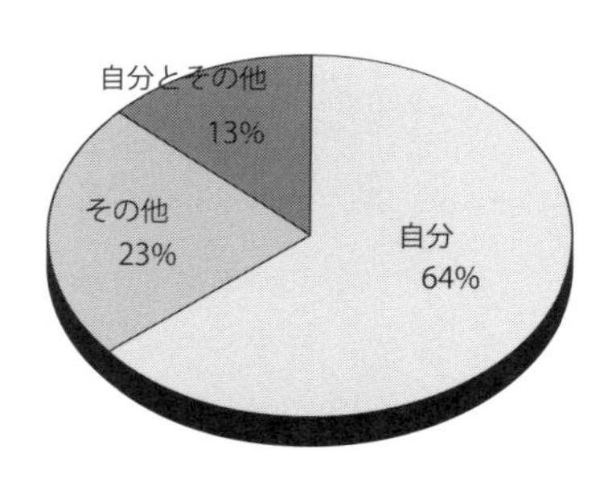

図 3-1-11: 主なケアー担当者 (N=74)

この結果でも現実としての子育てと同様に、「自分」または「その他」が担当するという分担がされている。

2014調査では、犬の就寝場所について複数回答可として質問した。飼い主が犬と同じベッドで寝ているという回答が12名で最も多かった。床で寝ているという回答は11名、屋外犬舎でという回答は3名であった。その他の回答には「不定である」「室内の犬用ベッド」などがあった。柿沼らによる茨城県つくば市での調査結果（柿沼ほか 2008）では、犬の就寝場所を「飼い主と同じ布団」が25%、「外」が24%、「その他（室内）」が51%であったとしている。この結果を本研究の調査結果と比較すれば、2014調査の結果では「ベッド共有」が多く、「屋外犬舎」と「床」が少ない。これらの点も前述した「子どもとしてのペット」という、フォーグルによる指摘（Fogle 1987=1995）と合致している。山田による「家族ペット」（山田昌弘 2007）も同様に理解できるだろう。

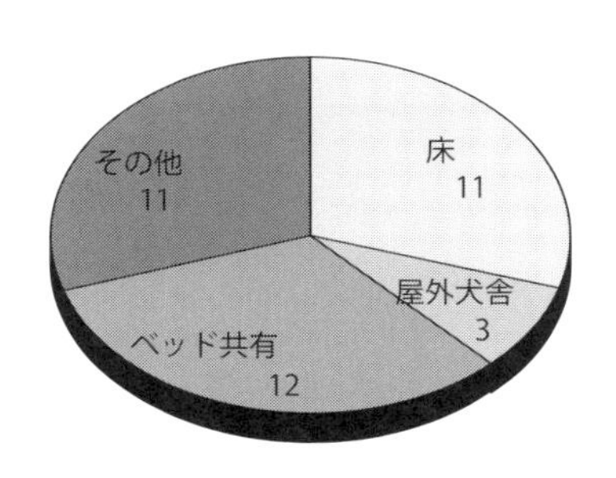

図3-1-12: 犬の就寝場所　2014調査　複数回答（単位：名）

2014調査結果から、犬の就寝場所と犬種をクロス集計すると、犬種にかかわりなくその他の場所という回答が多い。「その他」には犬用のベッドやソファーなど、不定であるという内容であった。回答者の多くは2～3ベッドルームの住宅に住んでおり、犬が就寝する場所の選択肢が、多いからと考えられる。また飼い主と同じベッドで寝るという回答は、小型犬の方が多いと予測したが、犬種に関係がなかった。

表 3-1-2: 犬の就寝場所と犬種（N=33）

	床	屋外犬舎	同じベッド	その他	複数選択	合計
大型犬	2		5	3	2	12
中型犬	3		1	3		7
小型犬		2		2		4
犬種不明	4		3	2	1	10
合計	9	2	9	10	3	33

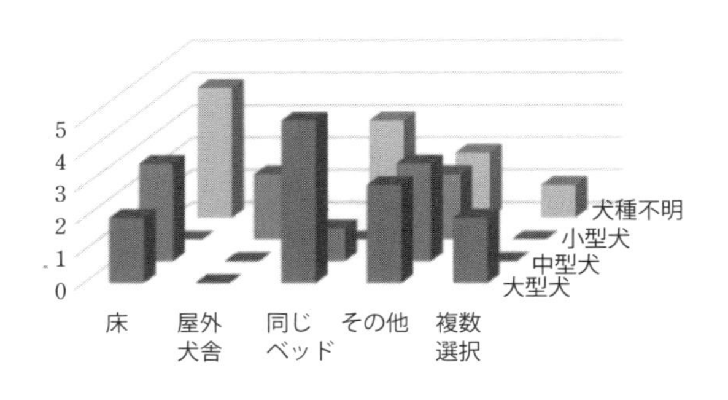

図 3-1-13: 犬の就寝場所と犬種（N=33）

3-1-14. 飼育に必要なペット関連施設

「飼育のうえで必要なペット関連店舗や施設」について

は、「公園」という回答が48名、「動物病院」が17名、「ペットショップ」5名、「その他」1名であった。フィッシャーはソーシャル・サポートを、「相談」「親交」「実用的」からなると論じている（Fischer 1982=2002）。ここでの必要なペット関連店舗や施設は、「実用的」なソーシャル・サポートを表している。この点は後述する「ペットフレンドリーなコミュニティ」のイメージとは、違いを示している。

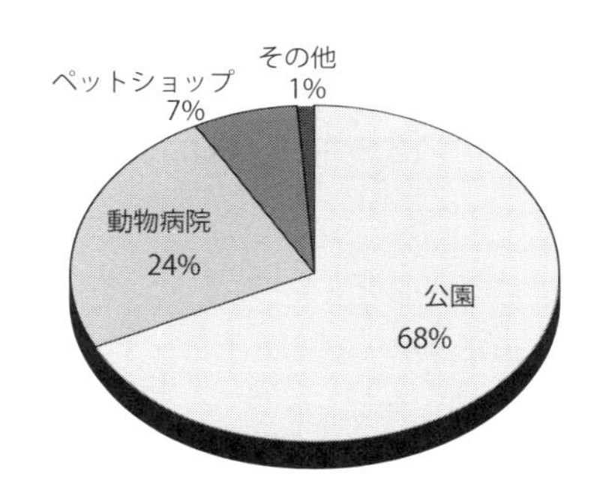

図 3-1-14: 飼育に必要なペット関連施設（N=71）

「飼育に必要と考える施設」と「犬種」をクロス集計すると、犬齢にかかわりなく「公園」が最も多く回答されている。「0～3歳」および「4～6歳」では「動物病院」が必要という回答がみられる。「動物病院」は仔犬の飼育にとって必要な施設と考えられている。この点は、前述のフォーグルによる「子どもとしてのペット」（Fogle 1984=1992）や山田による「家族ペット」（山田昌弘 2007）という考えからも容易に理解できる。仔犬の飼育においては、ペット関連商品の購入が必要であると考えられ、「ペットショップ」という回答も少数ではあるが、「0～3歳」および「4～6歳」に複数回答されている。

アメリカでは動物愛護の観点から、子犬を販売するペットショップに対するニーズは低い。餌もドラッグストアーなどの量販店で買うことができるので、ペットショップの必要性は限定的である。ハラウェイは「コンパニオン・アニマル」が人工的に生産された生物学的商品であることを指摘している（Haraway 2008＝2013）。ハラウェイのいうように、無理な繁殖をビジネスとするペットショップに対するニーズは低くなっている。この点はペット関連市場をめぐる、日本とアメリカでの違いである。

表3-1-3: 飼育に必要な施設と犬齢（N=71）

	公園	動物病院	ペットショップ	その他	合計
0～3歳	19	8	2		29
4～6歳	13	8	2		23
7～9歳	7		1	1	9
10歳～	6	1			7
犬齢不明	3				3
合計	48	17	5	1	71

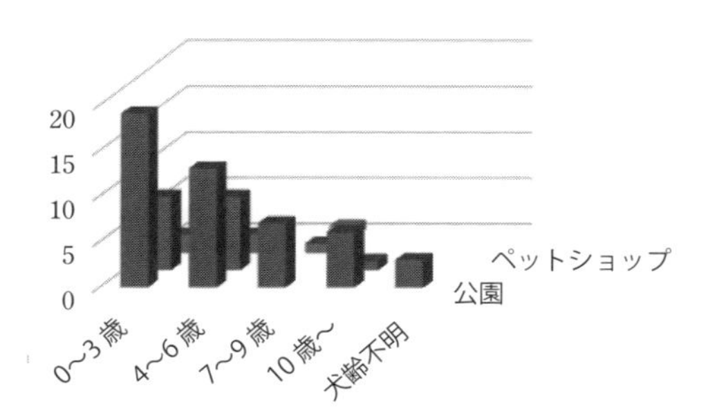

図3-1-15: 飼育に必要な施設と犬齢（N=71）

「飼育に必要と考える施設」と「住宅様式」についてクロス集計すると、回答者は犬を遊ばせることができる「公園や広い空間」を必要と考えている。住宅様式にかかわらず、「公園」を必要と考える回答が最も多い。アパート賃貸の回答者は、戸建住宅のように庭などのスペースがないため、「公園」という回答が多い。一方で「動物病院が必要である」という回答は、住宅様式にかかわりなく回答されている。この点については、医療面でのサポートが必要な飼い主と、医療サポートが必要ではない飼い主に二分されている。

表 3-1-4: 飼育に必要な施設と住宅様式（N=71）

	公園	動物病院	ペットショップ	その他	合計
戸建所有	13	5	1		19
集合所有	12	5			17
戸建賃貸	2	4	4		10
アパート賃貸	20	3		1	24
親同居	1				1
合計	48	17	5	1	71

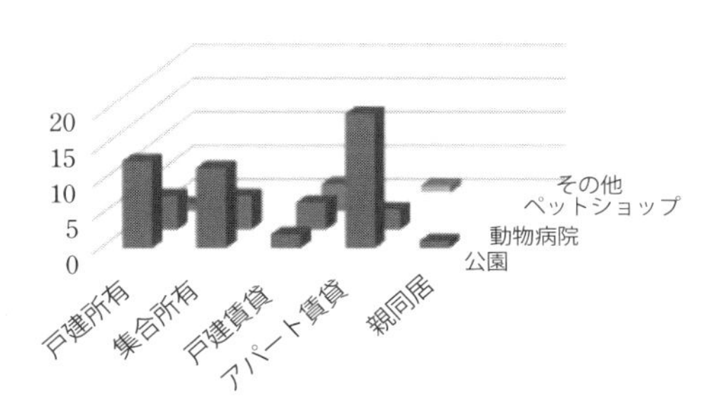

図 3-1-16: 飼育に必要な施設と住宅様式（N=71）

「飼育に必要な施設」と「住宅の間取り」についてクロス集計すると、前述と同様に「公園が必要」と考える回答が最も多い。「動物病院」という回答が15名である。この回答は住宅様式よりも、前述のように飼い犬の犬齢によって説明される。4ベッドルーム以上の回答者の回答は「公園」と「動物病院」にわかれた。

表 3-1-5: 飼育に必要な施設と住宅間取り（N=69）

	公園	動物病院	ペットショップ	その他	合計
1ベッドルーム	15	2	1	1	19
2～3ベッドルーム	27	10	4		41
4ベッド～	5	3			8
その他	1				1
合計	48	15	5	1	69

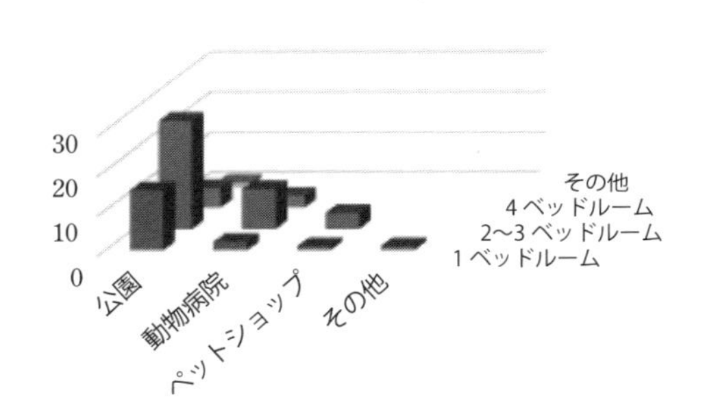

図 3-1-17: 飼育に必要な施設と住宅間取り（N=69）

3-1-15. 飼い犬の散歩について

散歩の頻度について、「1日に数回」が64名、「1日1回」が7名、「2日に1回」が1名、「3日以上で1回」が2名であった。調査結果全体では、散歩時間は最短が3分、最長が210分、平均が56分、中央値が45分、標準偏差が37.7であった。この結果は2013調査においても2014調査においてもほぼ同様の結果であった。散歩は1日に複数回がスタンダードであると考えられる。散歩は運動不足の解消だけではなく、尿や糞など体内の老廃物などを排出する機会でもある。

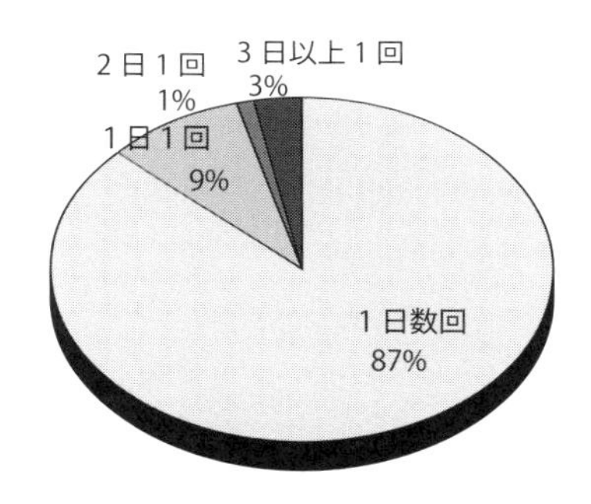

図3-1-18: 飼い犬との散歩の頻度（N=74）

「散歩時間」と「犬種」をクロス集計した。大型犬では他の犬種に比べて、「31～60分」という回答が多い。小型犬は「91分以上」という回答はなかった。ミックスによる犬種不明では最も散歩時間が長い。

表3-1-6: 散歩時間と犬種（N=74）

	～30分	31～60分	61～90分	91～120分	121分～	合計
大型犬	13	13	3	1	1	31
中型犬	8	4	2	1	1	16
小型犬	9	4	2			15
犬種不明	1	2	5	2	2	12
合計	31	23	12	4	4	74

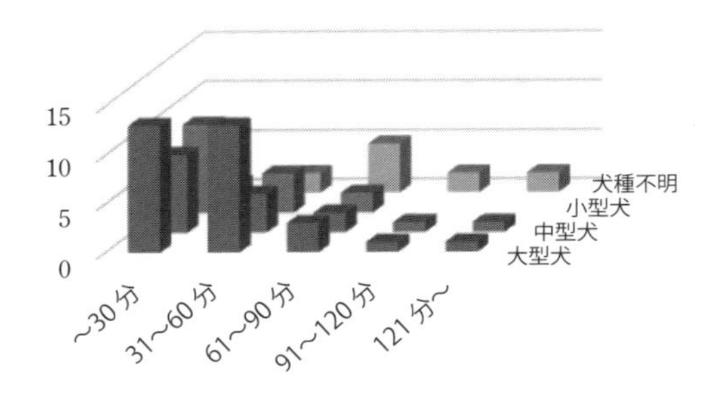

図 3-1-19: 散歩時間と犬種（N=74）

「散歩時間」と「犬齢」についてクロス集計すると、犬齢による散歩時間の変化がわかる。犬齢が「0～3歳」では、散歩時間「～30分」および「31～60分」が最も多い。「4～6歳」では「～3歳」よりも「～30分」という回答が多くなっている。全体としては散歩時間が長いほど回答者数は少なくなる。一方で犬齢にかかわらず「91～120分」と「121分～」という散歩時間という回答がある。十分な散歩をさせないことが、吠えるなどのストレス行動につながっていることが、飼い主に十分に理解されていることがわかる。

図 3-1-7: 散歩時間と犬齢（N=74）

	～30分	31～60分	61～90分	91～120分	121分～	合計
0～3歳	11	11	6	1	2	31
4～6歳	14	5	2	2	1	24
7～9歳	3	2	2	1	1	9
10歳～	3	3	1			7
合計	31	21	11	4	4	71

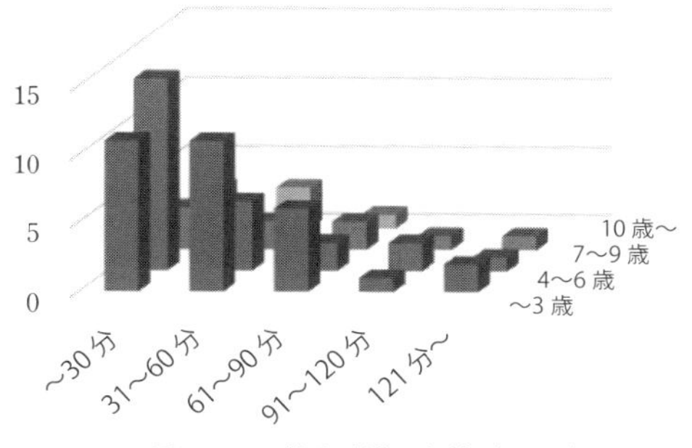

図3-1-20: 散歩時間と犬齢（N=74）

3-1-16. 家族旅行時などの預け先について

家族旅行時の預け先については、「友人や近所に預ける」という回答が25名、「連れて出かける」が15名、「親族者に預ける」と「専門業者に預ける」がともに10名、「家族旅行をしない」と「その他」がともに3名あった。

預け先とは飼い犬にとって、住居についで「セキュリティ」が確保されている場所である。友人や近隣に飼い犬を預けるということは、十分なしつけがされているということである。犬と過ごす時間が長い飼い主ほど、愛着の度合いが高く、旅行に連れて行くことになると考えられる。この点は、前述のフォーグルによる「子どもとしてのペット」(Fogle 1984=1992) や山田による「家族ペット」(山田昌弘 2007) と同様な感性である。逆に、一緒の時間が長く、「子どもとしてのペット」や「家族ペット」という意識を持たず、愛着の度合いが低い飼い主ほど、犬から解放されたいと考え、預けて出かけようと考える。

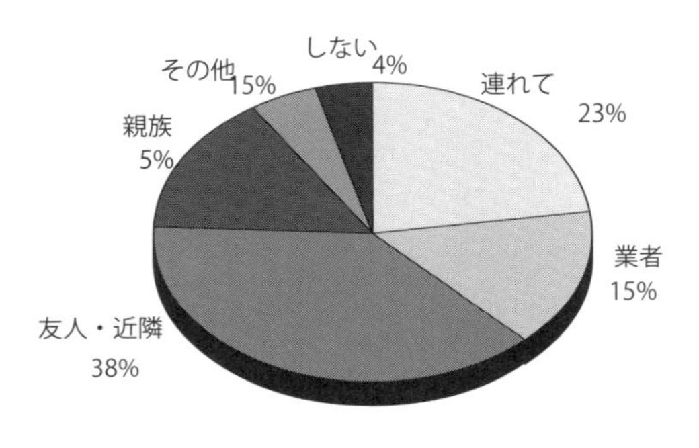

図 3-1-21: 旅行時などにおける飼い犬の預け先（N=66）

「旅行時の預け先」と「犬齢」をクロス集計すると、全体では「友人・近隣」に預けるという回答が最も多い。「0～3歳」では「友人・近隣」や「専門業者に預ける」、「親族に預ける」という多様な選択肢が存在している。「4～6歳」以降犬齢があがるにしたがって、「専門業者に預ける」という回答は少なくなっている。また「7～9歳」以降では「親族に預ける」という回答がない。この点は高齢の飼い犬を、親族にとって預けることが大きな負担であると、認識しているからと考えられる。このような回答者は「親族」ではなく、互酬性に基づいて「友人・近隣」に預けるか、「旅行しない」か「連れて出かける」に移行すると考えられる。「連れて出かける」は「0～3歳」と「4～6歳」に多く回答されている。この場合は、「子どもとしてのペット」や「家族ペット」という、家族の一員として連れて行くという意味と、子犬であり飼い主から離すことが困難であるという意図も考えられる。同様に「友人・近隣に預ける」場合でも、犬にとって長距離の移動が困難であるという場合も考えられる。

表 3-1-8: 旅行時などにおける飼い犬の預け先と犬齢（N=65）

	旅行しない	連れて	業者	友人・近隣	親族	その他	合計
0～3歳	1	5	7	8	5	2	28
4～6歳	1	5	1	11	5		23
7～9歳	1	2	1	5			9
10歳～		2	1	1		1	5
合計	3	14	10	25	10	3	65

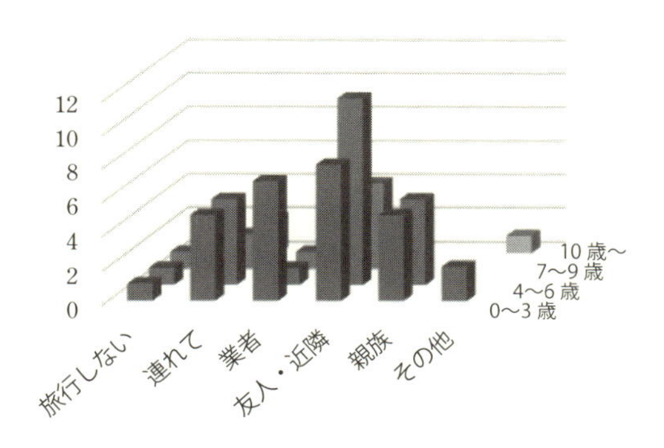

図 3-1-22: 旅行時などにおける飼い犬の預け先と犬齢（N=65）

3-1-17. ペット友人とのネットワークについて

ペット友人の有無について、68名が「ペット友人がいる」と回答している。「いない」と回答したのは2名、「どちらともいえない」が3名、無回答が1名であった。

ペット友人との出会いのきっかけについては、「ドックパークで出会った」という回答が50名であった。「友人に紹介されて」が6名、「新聞・雑誌によって」が1名、「SNSやブログ」が1名、「その他」が8名、この中には以前から友人であるという注釈をつけた回答も散見できた。無回答が4名であった。動物病院での出会いという回答はなかった。

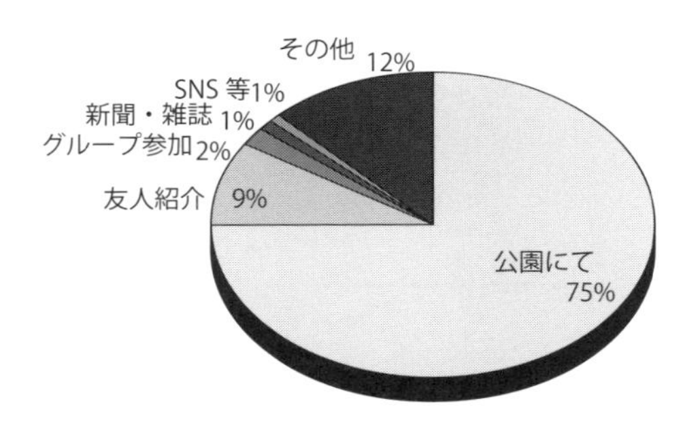

図 3-1-23: ペット友人との出会いのきっかけ（N=67）

3-1-18. ペット友人とのコミュニケーションについて

ペット友人とのコミュニケーション内容については、「犬の飼育方法について」が33名、「ペット用品や店舗について」が6名、「動物病院について」が2名、「ペットとは関係がない話題」が19名、「その他」が10名であった。

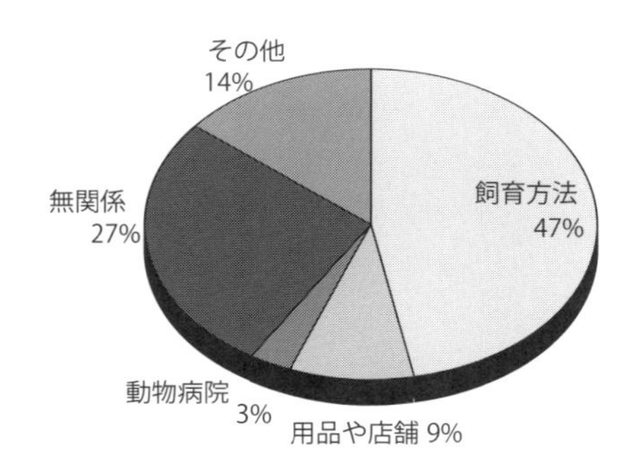

図 3-1-24: ペット友人とのコミュニケーション内容（N=70）

「ペット友人」とのコミュニケーション内容と「犬齢」をクロス集計すると、犬齢にかかわらず「飼育方法に関する話題」が最も多く回答されている。このことから、「0～3歳」と「4～6歳」の飼い主は、飼育方法についてペット友人を重視していることがわかる。

表 3-1-9: ペット友人とのコミュニケーション内容と犬齢（N=67）

	飼育方法	用品や店舗	動物病院	無関係	その他	合計
0～3歳	15	1	1	8	4	29
4～6歳	11	3	1	6	3	24
7～9歳	2	1		3	1	7
10歳～	4	1		1	1	7
合計	32	6	2	18	9	67

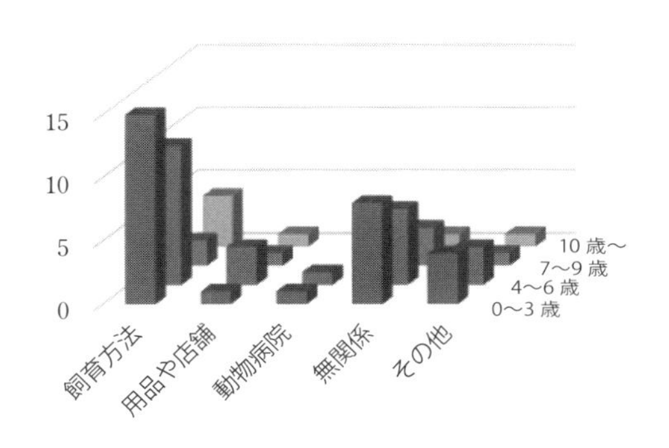

図 3-1-25: ペット友人とのコミュニケーション内容と犬齢（N=67）

3-1-19. 飼育方法や知識の入手先

飼育方法や知識について、どこから知識を得ているのかは、「ペット友人から」が37名、「家族から」と「本・雑誌やインターネット」からがともに11名、「獣医師から」が5名、「その他」が8名であった。

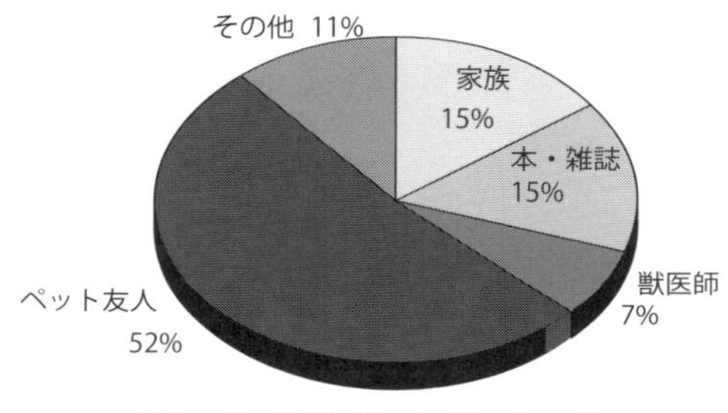

図 3-1-26: 飼育知識の入手先（N=72）

「飼育方法や知識の入手方法」と「飼い主の年齢」をクロス集計すると、すべての年齢で「ペット友人から飼育知識を得ている」という回答が最も多い。ペット友人は年齢に関係なく、飼育知識に関して知識の源泉と相談相手となっている。「本や雑誌等から知識を得ている」という回答も、ほとんどの年齢において多い。「家族から知識を得た」という回答については、2013調査と2014調査では異なった傾向を示している。2013調査では20〜40代の、特に30代が目立って、飼い主では「家族から知識を得た」という回答が多かったが、2014調査では「家族から」という回答が少なかった。「家族から」という回答は、家族の中でより飼育経験がある者からと考えられる。40代の回答者では「家族から飼育に関する知識を得た」と回答している。一方で、加齢により親世代とのコミュニケーションが減少したためか、50代と60代の回答者では「家族から」という回答は少ない。30代および40代では「家族」と「ペット友人」以外に、「本・雑誌・インターネット」や「獣医師から知識を得ている」と回答している。また、「その他」という回答もあり、30代では様々な対象から知識を得ようと考えていることがわかる。50代および60代の飼い主では経験をもとにして飼育をしていると考えられる。

表 3-1-10: 飼育方法や知識入手方法と飼い主の年齢（N=70）

	家族	本・雑誌	獣医師	ペット友人	その他	合計
20 代	2	1		5	1	9
30 代	2	3	2	12	4	23
40 代	4	3	1	9	1	18
50 代	1	2	1	7		11
60 代	2		1	3	1	7
70 代		1		1		2
合計	11	10	5	37	7	70

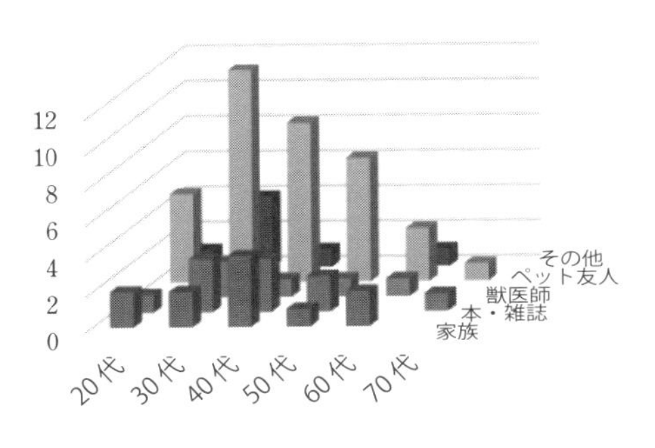

図 3-1-27: 飼育方法や知識入手方法と飼い主の年齢（N=70）

「飼育方法や知識の入手方法」と「犬齢」でクロス集計すると、ほとんどの犬齢で「ペット友人から知識を得ている」という回答が最も多い。「0～3歳」および「4～6歳」と「10歳以上」では、求める知識の内容が異なると思われる。ペット友人はこの意味で幅広い飼育知識の源泉となっている。同じように「ペット友人」という回答をしていても、飼い犬の犬齢によって細分化されていることが考えられる。さらにお互いの飼い犬の犬齢が増すに応じて、流通する飼育方法や知識に変容があると考えられる。「子どもとしてのペット」や「家族ペット」という視点からは、育児において子育て課題をどう解決したかという経験も、活かされているだろうと考えても良い。

柿沼らは、十分な知識を持たない飼い主との生活が、飼い犬にとって非安泰な生活であることを指摘し、経験の浅い飼い主は獣医師に多くを求めると論じている(柿沼他2008)。2013調査と2014調査の結果からは、飼育方法や知識などについては獣医師ではなく「ペット友人」に負うことが多い。

表3-1-11: 飼育方法や知識入手方法と犬齢（N=69）

	家族	本・雑誌	獣医師	ペット友人	その他	合計
0～3歳	6	6	1	13	4	30
4～6歳	2	3	2	14	3	24
7～9歳	1			6	1	8
10歳～	2	2	1	2		7
合計	11	11	4	35	8	69

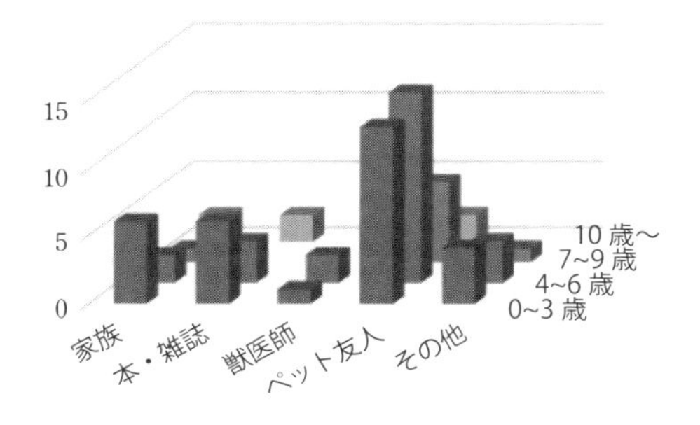

図 3-1-28: 飼育方法や知識入手方法と犬齢（N=69）

「飼育に関する知識源」と「飼育に必要な施設」についてクロス集計すると、飼育に関する知識を「ペット友人から得ている」という回答者は、必要な施設として「公園」をあげている。公園は「ペット友人」との出会いの場であり、日常的な交流を行う場であると考えられる。家族から飼育に関する知識を得ている回答者も、公園が必要な施設だと考えている。この場合は交流を行う場としてではなく、遊ばせることができる空間としての必要性を意図している。それ以外には「ペット友人から知識を得ている」が、必要な施設は「動物病院」であるという回答がある。「公園」とは異なる「動物病院におけるペット友人」の存在を示唆している。

表 3-1-12: 飼育方法や知識入手方法と必要施設（N=68）

	家族	本・雑誌	獣医師	ペット友人	その他	合計
公園・空間	8	7	3	26	4	48
動物病院	3	1	2	9	1	16
ペットショップ		2		1	1	4
合計	11	10	5	36	6	68

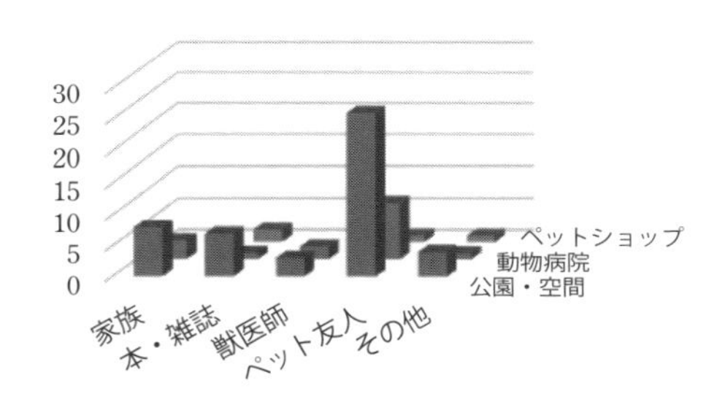

図 3-1-29: 飼育方法や知識入手方法と必要施設（N=68）

3-1-20. 飼育マナーについて

飼い主としてイメージの悪いマナーは何かについて、「排泄物の処理をしない」という回答が28名、「しつけをしていない」が22名、「必要な予防接種を受けさせていない」が11名、「いつも放し飼いをしている」が5名、「その他」が4名であった。ここでのしつけ (Discipline) については、叩くなどの虐待行為を含まないという注釈がされた回答があった。

「排泄物の放置」については、飼い犬の衛生面という「飼い主サイド」の問題だけでなく、美観というコミュニティの問題として取りあげられることが多いとフォーグルは指摘

している (Fogle 1984=1992)。ベックとカッチャーは、大型犬による深刻な咬みつき事故防止の観点から、都市においては小型犬が好ましいと論じる。この点は飼い主にとって「しつけ欠如」が大きな問題となっていることから、犬種を規制するよりも、しつけの徹底によって問題を回避しようとする実態が見とれる。また彼らは、放し飼いの問題や狂犬病の予防注射の必要性を指摘している (Beck and Katcher 1983=1994)。この点は飼い主側だけの問題ではなく、飼い主ではない多くの住民からなるコミュニティ次元での課題である。ペットに起因する問題をコミュニティレベルで解決するためには、調査結果で示された意識が「飼育マナー」に留まらず、飼い主としての「シビリティ」のあり方を規定すると考えられる。

ロウカイトウ－サイダーリスは、サイドウォークが「都市の主なパブリック・プレイス」であり、「都市の非常に活動的な器官」であると論じる。彼女はサイドウォークでの通行人に脅威となり不快を与える活動が、認められなくなっている

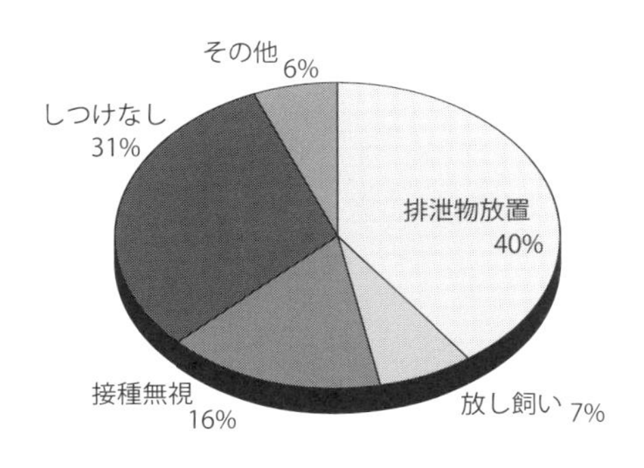

図 3-1-30: 飼育マナーの悪い飼い主（N=70）

こと、望ましくない人物やその活動が管理される場になったことに注目をしている（Loukaitou-Sideris 2012）。飼育マナーの悪い飼い主に付随する問題は、飼い主だけの空間であるドッグパークなどにとどまらず、散歩やドッグパークへの経路として、サイドウォークの問題にも直結している。

「飼育マナーの悪い飼い主のイメージ」と「飼い主の年齢」をクロス集計した。「排泄物を放置する飼い主」という回答は、30代の飼い主が最も多い。一方で「しつけをしない飼い主」という回答は40代が最も多い。このことは40代の方が育児経験があり身近な世代であるから、しつけについて意識が及ぶのではないかと考えられる。前述した「子どもとしてのペット」というフォーグルによる指摘（Fogle 1987=1995）は、「しつけをしない」ことに対する飼育マナーの悪さの意識を説明する。「予防接種無視」と「放し飼い」については、飼い主の年齢との関係は見られなかった。

表 3-1-13: 飼育マナーの悪い飼い主のイメージと飼い主年齢（N=63）

	排泄物放置	放し飼い	接種無視	しつけなし	合計
20代	5	1		3	9
30代	13	2	3	5	23
40代	5	2	2	7	16
50代	3		3	3	9
60代	2			4	6
合計	28	5	8	22	63

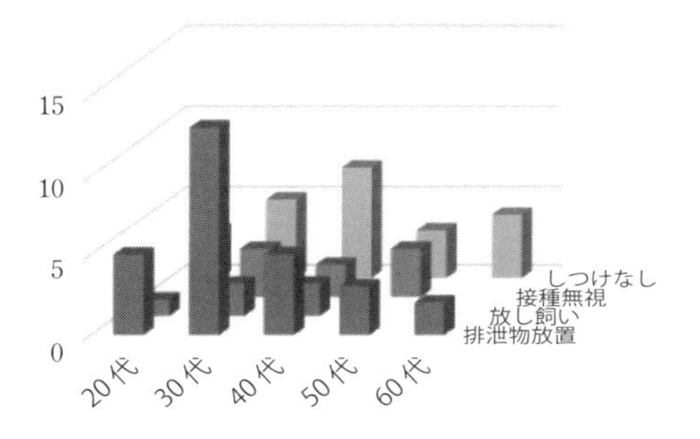

図 3-1-31: 飼育マナーの悪い飼い主のイメージと飼い主年齢（N=63）

「飼育マナーの悪い飼い主のイメージ」と「飼育する犬種」についてクロス集計すると、大型犬を飼育している回答者は、「排泄物を放置する飼い主」と「しつけをしない飼い主」を、マナーが悪いと回答している。大型犬は性格が穏やかで、しつけがしやすい。しかし排泄物の量は多いのでこのような結果となったのであろう。

中型犬を飼育している回答者も同様な回答をしている。一方で、小型犬を飼育する回答者では「排泄物放置」と「しつけをしない」については同様であるが、大型犬と中型犬を飼う飼い主とは異なり、「予防接種をしない」を多くあげている。予防接種をしていないことに対して、悪い飼育マナーと考える回答者が多いのは、アメリカでは犬に関する病気が根絶していないからと考えられる。狂犬病は日本では根絶されたと考えられるが、アメリカでは症例が発見されている。それ以外の感染症についても同様である。これらの点は小型犬の飼い主にとっては重要な問題なのであろう。

ハラウェイ（Haraway 2008=2013）が批判するように、小型犬は犬種づくりのために無理な交配をしているために、気性が荒くすぐに吠える犬が多い。また、大型犬・中型犬に比べ、臆病な性格であり、よく吠え人に噛みつくことが多い。そのためにしつけしていないことが目立つといえる。そのためしつけが大型犬よりも難しく、小型犬ではしつけが重要視されている。小型犬のほうがケージに入れられて、出かけることが多いために、しつけに関する指摘が多くなったとも考えられる。調査を実施したドッグパークやドッグランにおいては、登録証のない犬は見かけなかった。予防接種は当たり前のことであり、ドッグパークやドッグランの外での問題と考えられている。調査地においては、犬どうしの攻撃や争いをしばしば目にした。このことはしつけの欠如とは考えられていない様子であった。

表 3-1-14: 飼育マナーの悪い飼い主のイメージと犬種（N=65）

	排泄物放置	放し飼い	接種無視	しつけなし	合計
大型犬	12	2	2	11	27
中型犬	7	3	2	3	15
小型犬	5		4	4	13
犬種不明	4		2	4	10
合計	28	5	10	22	65

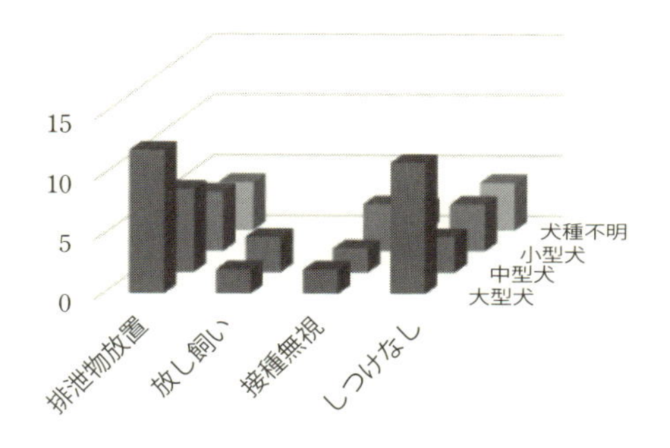

図 3-1-32: 飼育マナーの悪い飼い主のイメージと犬種（N=65）

回答者にとって「飼育マナーの悪い飼い主のイメージ」と「犬齢」をクロス集計すると、「0～3歳」では「排泄物放置」が最も多い。「排泄物放置」が仔犬にとって健康を害する可能性がある、重要な問題であると考えられている。「4～6歳」では「しつけをしていない」が最も多く回答されている。このことは「4～6歳」になると3歳までにしつけを完了していないことが、大きな違いとして表れるからと考えられる。「7～9歳」では「しつけなし」という回答は少なくなり、「排泄物放置」が多くなる。

表 3-1-15: 飼育マナーの悪い飼い主のイメージと犬齢（N=62）

	排泄物放置	放し飼い	接種無視	しつけなし	合計
0～3歳	15	3	4	6	28
4～6歳	5	2	3	10	20
7～9歳	5		2	1	8
10歳～	2		1	3	6
合計	27	5	10	20	62

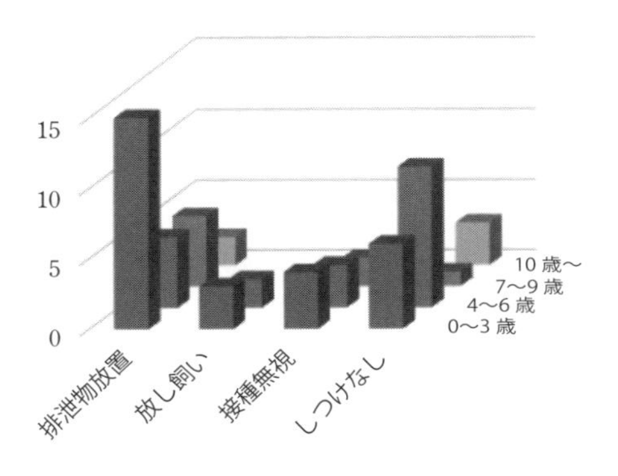

図 3-1-33: 飼育マナーの悪い飼い主のイメージと犬齢（N=62）

「飼育マナーの悪い飼い主のイメージ」と「飼育に関する知識源」についてクロス集計すると、ペット飼育に関する知識を「ペット友人から得ている」という回答者は、「排泄物を放置する飼い主」と「しつけをしない飼い主」を飼育マナーが悪いと考えている。これらについてはペット友人から具体的な知識を得やすい内容である。「本や雑誌から知識を得ている」と回答した飼い主は、すべての選択肢に回答が分散している。「家族から飼育に関する知識を得ている」と回答した回答者では、「飼い犬のしつけをしないこと」を悪いマナーと考えている。このことは犬の飼育が子どもの教育に近いものと考えられているからである。さらに犬が家族のペットであることだけではなく、コミュニティの一員であると認識されているからであろう。

表 3-1-16: 飼育マナーの悪い飼い主のイメージと知識入手先（N=63）

	排泄物放置	放し飼い	接種無視	しつけなし	合計
家族	1	1	1	6	9
本・雑誌	4	1	2	3	10
獣医師	2		2	1	5
ペット友人	17	3	3	11	34
その他	3		1	1	5
合計	27	5	9	22	63

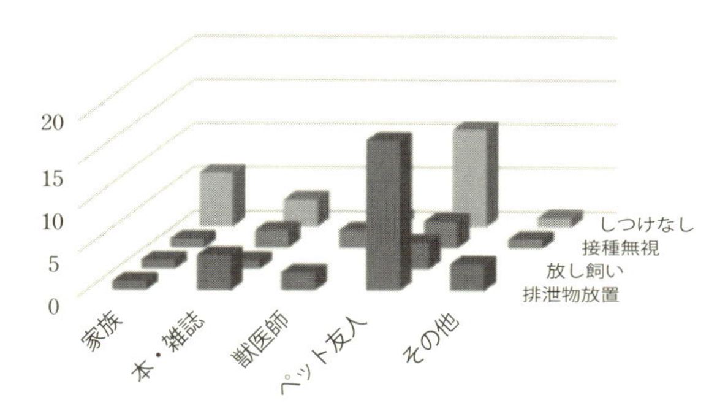

図 3-1-34: 飼育マナーの悪い飼い主のイメージと知識入手先（N=63）

3-1-21. ペットフレンドリーなコミュニティのイメージ

犬を飼育しやすい地域のイメージについて、「広い空間や公園がある」という回答が59名、「ペット友人が近くにいる」が5名、「動物病院が近い」という回答が3名、「ペット関連の店舗が近くにある」という回答が1名、「その他」が3名であった。前述のように「必要なペット関連店舗や施設」は、「実用的」なソーシャル・サポートを示していた。一方で「ペットフレンドリーなコミュニティ」のイメージは、オルデンバーグのいう「サードプレイス」としてのありかたを示している。オルデンバーグのいう「サードプレイス」は「インフォーマルな公共生活の中核的な環境」である(Oldenburg 1989=2013)。回答にあげられた「公園・空間」は彼がいうような、日常生活の普通の一コマであり、所有していないにもかかわらず、私有の意識をもたらし、気楽さと利用者の存在の自由を認める空間となりうると考える。「サードプレイス」と「ペットフレンドリーなコミュニティ」の共通性は、徒歩というアクセス方法にも由来する。彼は徒歩という移動手段は、人との触れ合いをもたらし、偶然と非公式の要素が強いと、「サードプレイス」の特徴を明らかにしている。この点は特に「ペットフレンドリーなコミュニティ」における「公園・空間」に必要な要素であろう。

モラスキーは「サードプレイス」とは、①「とりたてて行く必要がない」②「いつでも立ち寄って、帰りたいと思ったらいつでも帰れる」③「その場所が提供している品物やサービスとは別の目的で行く」という点が重要であると論じている(モラスキー 2013: 479)。この点を「ペットフレンドリーなコミュニティ」としての「公園・空間」にあてはめて考える。①について、飼い犬が持つ運動への欲求を満たすという点では、公園が唯一の場所となっており、行く必要がないとは言えない。②については曜日と時間のゆるやかな限定の下で、飼い犬と飼い主に開放されていることから、いつでもアクセス可能とは言えない。③についても、公園は社会資本であり、営利目的ではないことから、購入および消費という観点からとらえることは難しいだろう。それでも、「サードプレイス」としての意味を見出しうるのは、飼い犬にとっての用途という観点ではなく、飼い主同士の関係と見るならば可能であろう。犬を連れて公園まで徒歩で赴き、飼い犬を許可された空間に解放することで、飼い主も飼い犬から解放されているのである。そして、多くの「サードプレイス」で展開される、愚痴や悩みや失敗話を語り合うことで、寛ぎ過ごしているのである。つまり「ペット友人」との交流として、「サードプレイス」の可能性を見出す。それでも、「サードプレイス」として考慮しなくてはならない点がある。それは公園との近隣性である。居住地に近い公園を視野とするならば、この「サードプレイス」にアクセスできるのは近隣住民に限られ、おのずから階層的に限定をされてしまい、だれにでも開かれた「サードプレイス」という特徴とは異なる。この点については「ペットフレンドリーなコミュニティ」を、「サードプレイス」としてとらえる場合の大きな制約になるだろう。しかしながら、なじみとしてのペット友人の集う場という場所の意義は大きい。この点について、「下位文化論」との関係については、後述する「ペットフレンドリーなコミュニティのコミュニティモデル」において言及する。

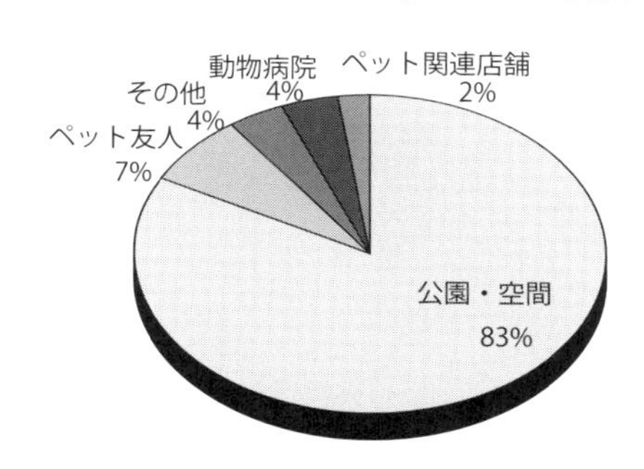

図 3-1-35: ペットフレンドリーなコミュニティのイメージ (N=71)

「ペットフレンドリーなコミュニティの条件」と、「飼育に必要な施設」についてクロス集計すると、ペットの飼育をしやすい、ペットフレンドリーなコミュニティの条件と、飼育に必要な施設では、「公園」が最も多く選択されている。「近隣にペット友人が住んでいること」という回答は少ない。飼育知識や旅行時などの預け先では、「ペット友人」が選好されているが、「ペットフレンドリーなコミュニティ」としては、「公園や広い空間」があることが回答されている。前述したように、フィッシャーはソーシャル・サポートを、「相談」「親交」「実用的」からなると論じている (Fischer 1982=2002)。この点について「動物病院」や「ペットショップ」は、「実用的」なソーシャル・サポートを表している。広い公園や空間を好む飼い主は、こうした場所がペット友人との出会いの場であることから、ペット友人の存在を前提として、公園や広場を選んだと考えられる。ペット友人の存在なしでも、公園や空間を選んだとは考えにくい。2014調査では飼い主と飼い犬が一気に集まり、一気に離れていく光景を見ている。飼い犬を解放している飼い主がいないと立ち去る飼い主もいた。また「公園や広い空間」が必要と考えられていることは、飼い主が日常的に運動量の不足と公園や空間の不足を認識していることでもある。

表3-1-17: ペットフレンドリーなコミュニティと飼育に必要な施設 (N=68)

	動物病院	ペットショップ	公園・空間	ペット友人	その他	合計
公園	2	1	37	5		45
動物病院	1		14		2	17
ペットショップ			4		1	5
その他			1			1
合計	3	1	56	5	3	68

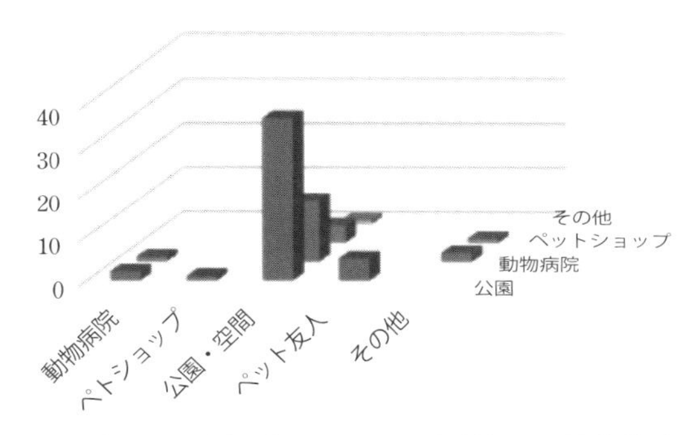

図 3-1-36: ペットフレンドリーなコミュニティと飼育に必要な施設（N=68）

3-1-22. 飼い犬の歯周病ケアーの有無について

飼い犬の歯周病予防をしているかについて、「している」という回答が47名、「していない」が19名、「わからない」が5名、「その他」が3名であった。「その他」には、はじめる予定である、時々または必要な時だけ行うという回答が含まれている。

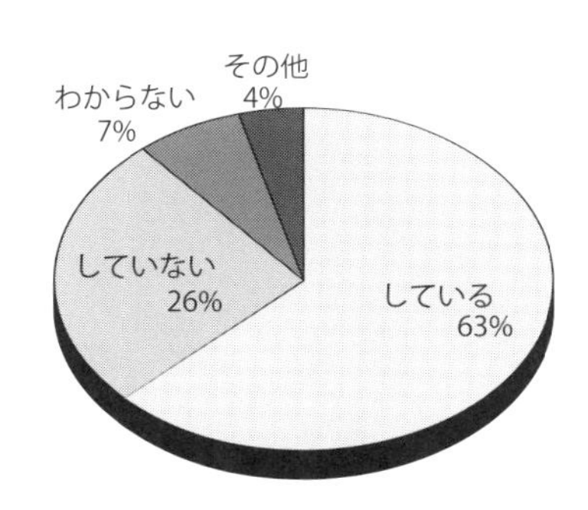

図 3-1-37: 飼い犬の歯周病ケアーの実施有無（N=74）

「歯周病ケアーの実施有無」と「飼い主の年齢」をクロス集計すると、歯周病ケアーは30代で最も多く行われている。いずれの世代においても、「している」という回答が「していない」という回答よりも多い。50代および60代70代は歯周病について関心と脅威を感じており、熱心にケアーを実施していることが考えられる。犬の歯周病ケアーは、犬種にも左右されるが、飼い主にとって大きな負担になっていることがわかる。しかしながら容易な方法を利用することや、頻度によってこの負担を克服していると考えられる。

表 3-1-18: 歯周病ケアー実施有無と飼い主の年齢（N=69）

	している	していない	わからない	合計
20 代	4	3	1	8
30 代	17	7	1	25
40 代	12	5	1	18
50 代	7	2	1	10
60 代	3	2	1	6
70 代	2			2
合計	45	19	5	69

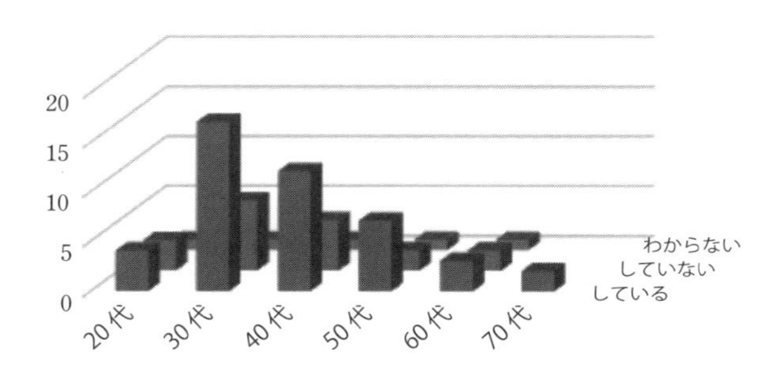

図 3-1-38: 歯周病ケアー実施有無と飼い主の年齢（N=69）

「歯周病ケアーの実施」と「犬齢」をクロス集計すると、歯周病ケアーが低い犬齢において実施されていることがわかる。「0～3歳」および「4～6歳」では多く歯周病ケアーが行われているが、「7～9歳」と犬齢が進むにしたがって「実施した」という回答は減少している。「10歳～」の老犬では「実施している」という回答は上昇している。与えている餌と関係は見られなかった。

表 3-1-19: 歯周病ケアー実施有無と犬齢（N=69）

	している	していない	わからない	合計
0～3歳	20	7	2	29
4～6歳	20	4		24
7～9歳	2	6	1	9
10歳～	5	2		7
合計	47	19	3	69

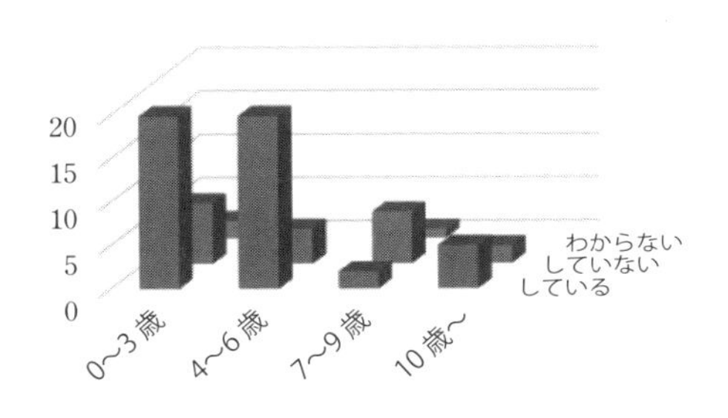

図 3-1-39: 歯周病ケアー実施有無と犬齢（N=69）

「歯周病ケアーの実施」と「住宅間取り」をクロス集計すると、住宅の広さと歯周病ケアーの実施有無とはあまり関係がないことがわかる。住宅の広さには関係がなく一定の割合で、歯周病ケアーをしている飼い主としていない飼い主がいる。同様のことは住宅の所有または賃貸と戸建か集合住宅であるかも、関係を見いだせない。

表 3-1-20: 歯周病ケアー実施有無と住宅間取り（N=70）

	している	していない	わからない	合計
1 ベッドルーム	12	4	2	18
2 〜 3 ベッドルーム	11	5	1	17
4 ベッド〜	9	2		11
その他	14	8	2	24
合計	46	19	5	70

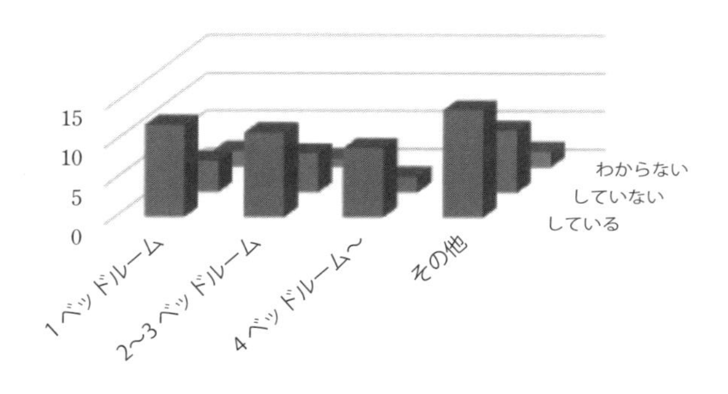

図 3-1-40: 歯周病ケアー実施有無と住宅間取り（N=70）

3-1-23. 飼い犬の歯周病ケアー実施頻度

飼い犬の歯周病ケアーの頻度については、「数か月に 1 回」が 19 名、「週に 1 度」が 12、「毎日」が 7 名、「週に数回」が 5 名、「その他」が 8 名であった。その他には、動物病院に行くたびに、ブラッシングなどのケアーを受けているという回答が含まれる。

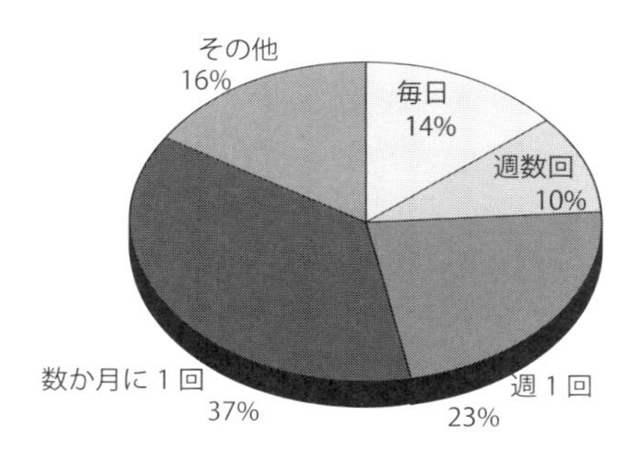

図 3-1-41: 飼い犬歯周病ケアー頻度　N=51

「歯周病予防実施頻度」と「犬種」についてクロス集計すると、大型犬を飼育する回答者は「数か月に1回」ケアーを行うという回答が最も多い。「週に1回」「その他」という回答が続いている。「毎日」という回答は少ない。この点に関しては大型犬のケアーの方が手間がかかり、実施頻度が低くなっていると考えることができる。「その他」という回答は、動物病院に行くたびに獣医師により実施しているなどである。同様の傾向は中型犬を飼育する回答者にもあてはまる。一方で小型犬を飼育する回答者は、大型犬と中型犬と比べて実施頻度が高い。歯周病予防が「毎日である」という回答が最も多く、次に「毎日している」以外の回答が同数である。小型犬は大型犬と中型犬よりも高い頻度で歯周病予防がされている。このことは大型犬や中型犬よりも小型犬の方が、そのサイズにより扱いやすいことも影響していると考えられる。小型犬では歯や顎が小さく、大型犬に比べると物が口に残りやすく、十分なケアーが必要であると考えられる。

表 3-1-21: 歯周病ケアー実施頻度と犬種（N=51）

	毎日	週数回	週 1 回	数か月 1 回	その他	合計
大型犬	3	2	5	6	4	20
中型犬	1	1	3	4		9
小型犬	3	2	2	2	2	11
犬種不明			2	7	2	11
合計	7	5	12	19	8	51

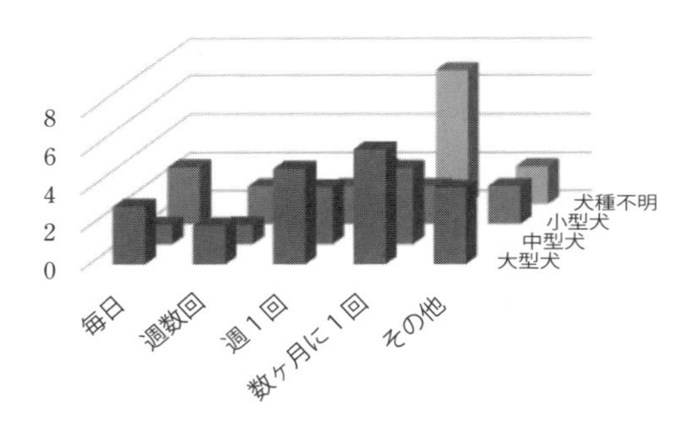

図 3-1-42: 歯周病ケアー実施頻度と犬種（N=51）

3-1-24. 飼い犬の歯周病ケアーの方法

歯周病ケアーの方法については、「ブラッシングをしている」という回答が17名、「複数方法併用」が12名、「獣医師の

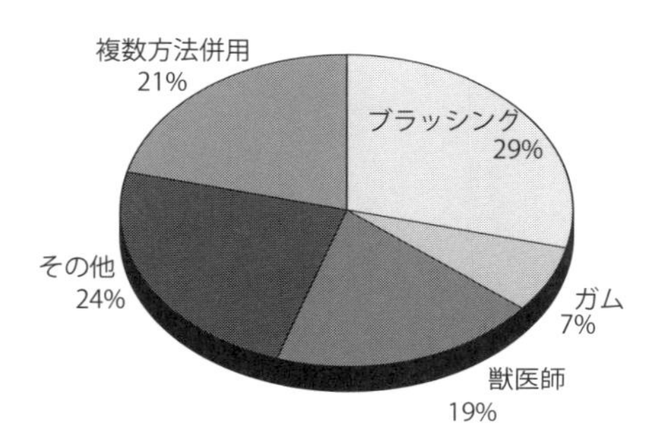

図 3-1-43: 歯周病ケアー方法　N=58

指示に従っている」が11名、「ブラッシング用ガム」という回答が4名、その他が3名であった。

「歯周病の予防方法」と「年収」についてクロス集計すると、歯周病ケアーについて年収との関係は限定的であることがわかる。ケアー方法としては年収に関係なくブラシの利用が最も多い。「501万円～1000万円」では獣医師指導によるケアー実施が多くなっている。「1501万円以上」では「複数方法併用」が多くなっている。

表3-1-22: 歯周病ケアー実施方法と年収（N=58）

	ブラッシング	ガム	獣医師	その他	複数方法併用	合計
なし				2	1	3
500以下		2	3		3	8
501～1000	8		6	4	1	19
1001～1500	5	2		1	2	10
1501～	4		2	7	5	18
合計	17	4	11	14	12	58

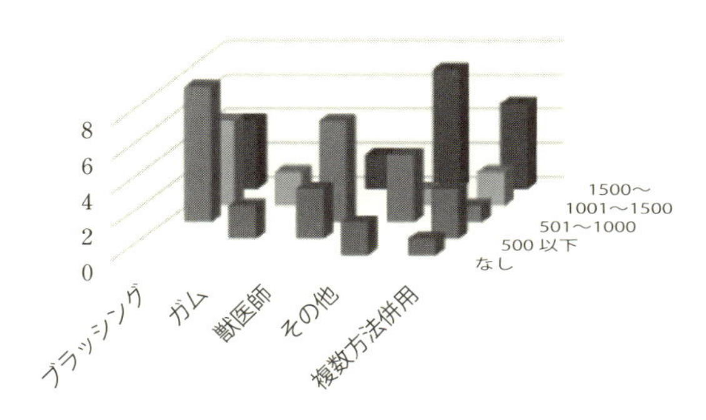

図3-1-44: 歯周病ケアー実施方法と年収（N=58）

「歯周病ケアーの実施有無」と「頻度」をクロス集計すると、ケアー実施についていくつかのカテゴリー化が可能である。最も多いのは、①「数か月に1回実施している」である。その他、②「週1回実施している」、③「毎日実施している」、④「動物病院通院時に獣医師により」、⑤「週に数回」である。④の頻度は毎日や週数回は考えにくい。③「毎日」と②「週1回」、⑤「週に数回」以外の、①「数か月に1回」では「歯周病予防をしている」と回答してはいるが、ケアーとしての効果は疑わしい。柿沼らのいうように、十分な知識を持たない飼い主との生活が、犬にとって非安泰な生活であることは(柿沼他 2008)、歯周病ケアーについてもあてはまるだろう。

表 3-1-23: 歯周病ケアー実施頻度と実施有無（N=48）

	毎日	週数回	週1回	数か月1回	その他	合計
している	7③	5⑤	11②	16①	7④	46
していない				1	1	2
合計	7	5	11	17	8	48

3-1-25. 飼い主の歯周病有無と PCR 分析による歯周病菌の保有

飼い主の歯周病保有について。回答した72名のうち、「保有していない」という回答が57名、「保有している」が11名、「わからない」が4名であった。

飼い主の唾液を用いて PCR 配列分析を行った。その結果、歯周病菌 C.rectus を保有していた回答者は44名、なしが20名であった。8名は C.rectus 以外の歯周病菌を保有している。質問票では歯周病の有無について質問し、11名があり、57名がなし、4名がわからないであった。これらの結果は以下のように分類できる。①「歯周病ではないと考えているが—C.rectus保有している」が35名、②「歯周病ではないと考えている—C.rectusを保有していない」が18名、③「歯周病であると考えている—C.rectusを保有している」7名である。④「歯周病ではないと考えているが—C.rectus以外の歯周病菌を保有している」4名である。

「歯周病である」と回答した11名は、歯科医師による検査を受けてそう判断していることが考えられる。「歯周病ではない」と回答した57名は、もちろん歯周病であるという意識はない。飼い犬と飼い主の間に同一のC.rectusを確認した2事例はいずれも、①「歯周病ではないと考えているが—C.rectusを保有している」に属している。飼い主から飼い犬への歯周病伝播の可能性は高く、動物病院における獣医師の指導と同様に、飼い主が歯周病に関する歯科検診を受診する必要を強く感じる。

表3-1-24: 歯周病有無の回答とPCR分析結果（N=72）

	C.rectusなし	C.rectusあり	その他あり	合計
あると思う	2	③7	2	11
ないと思う	②18	①35	④4	57
どちらともいえない		2	2	4
合計	20	44	8	72

注1　日本国内で行われる質問紙調査において、居住地の郵便番号を尋ねることは極めて少ない。住所を記入するよりも、回答者の負担は小さい。

注2　ここでの犬種は回答者が記入した犬種について、犬種分類に従って判断した。犬種のミックスについては、同一カテゴリーどうしのミックスの場合は容易に判断できるが、異なるカテゴリー間については判断ができず、犬種不明とした。

注3　2013年度麻布大学獣医学部動物応用科学科2年次「社会調査論」履修学生から、コメントとデータ解釈についてのアイデアを示唆されている。

3-2　2013・2014調査におけるPCR分析結果のまとめ

3-2-1. 飼い主唾液のPCR分析結果

2013調査および2014調査回答者、ページとばしによって調査票が無効票となった2名を含む、76名についてPCR分析の結果を示す。20名は検知できず、56名の分析結果は、歯周病菌C.rectus保有者が47名、C.curvus保有者が2名、C.showae保有者が4名、C.sp保有者が2名、C.rectusとC.curvus保有者が1名であった。

3-2-2. 犬唾液のPCR分析結果

2013調査および2014調査において唾液を採取した、88頭についてPCR分析の結果を示す。32頭は検知されなかった。56頭の分析結果は、C.rectus保有が3頭、C. sp.Cnine保有が17頭、C.sp保有が36頭であった。

2頭が同じ住居で飼育されているケースが11ケースあった。この9ケースについては、2頭とも検知なしが5ケース、

1頭がC.sp.Cnine保有で、もう1頭が検知なしが2ケースであった。2頭ともC.sp.Cnineを保有しているケースが4ケースという3通りの場合であった。PCR分析においてC.rectusが検知された2頭は、ラブラドルレトリーバーとボーダーコリーのミックスと、ミニチュア・シュナウザーであった。

3-2-3.　飼い主から犬へのC.rectus伝播

飼い主がC.rectusを保有しているが、飼い犬は何も検知がされなかった17ケースについて考察する。回答者は男性9名、女性8名である。年齢は20代・30代・40代・50代・60代に広がり、70代以外がすべて含まれている。職業については、「学生」が2名、「給与所得者」が13名、「自営業」が2名であった。住宅の様式は、「マンション所有」か「戸建て賃貸」である。世帯人数総数は1名または2名である。「1ベッドルーム」または「2～3ベッドルーム」の住宅に住んでいる。この場合子どもなどがいない、一つの世代からなる世帯と考えられる。この様な背景から、比較的小さな住宅に住んでいる。

犬種は2名が無回答である。その他は、1歳の小型犬2頭、10歳の小型犬1頭、2歳と1.5歳の小型犬2頭である。犬種不明をのぞいて考えなくてはならないが、大型犬は含まれていない。餌については全員が「ドックフード」と回答している。散歩回数については「1日数回」から「1日1回」、「2日1回」とばらつきがみられる。散歩時間については、30分または45分と回答されており、調査回答者全員の平均値および中央値よりも短い。

この17ケースでは全員が「自ら主なケアーを担当してい

る」と回答している。歯周病ケアー実施については、「していない」という回答が2名、「その他」が1名、残りは「している」と回答している。歯周病ケアーの実施頻度については、「実施している」12名のうち、3名が「毎日実施している」と回答し、6名が「週1回」と回答している。「数か月に1回」と回答した回答者3名は、全員が大型犬を1頭飼育しており、頻度が少なくなっていると考えられる。

歯周病ケアー方法としては、全員異なる回答である。「ブラシ」「ブラシとガム」「ブラシとその他の方法」と回答されている。日常的にケアーをしていない回答者も、獣医師の指導を受けていると回答しており、頻度から考えて必要なケアーがされていないわけではない。

飼い主自身の歯周病保有については、PCR分析では全員からC.rectusが保有を認められているが、調査票への回答では4名が「保有している」と回答している。11名が「保有していない」と回答している。「わからない」という回答は1名である。これらのケースでは、狭い空間に生活し、世帯総数から飼い犬を子どものように飼育していると考えられる。十分な歯周病ケアーを実施しているこれらのケースでは、飼い犬への伝播は見られなかった。

3-2-4. 飼い主以外からのC.rectus伝播

飼い主がC.rectusを保有していないが、飼い犬がC.rectusを保有している1ケースがあった。このケースは給与所得者である50代男性である。収入は最も高いカテゴリーである「1500～」と回答され、学歴は大学卒である。住宅は「2～3

ベッドルーム」のアパート賃貸であり、2名で暮らしている。犬種無回答である7歳の飼い犬を4年飼育している。主なケアーは回答者自身が行い、給餌回数は2回生肉を餌として与えている。歯周病予防頻度は「その他」であり、日常定期的なケアーはされていない。飼い主自身は「歯周病菌を保有していない」と回答している。PCR分析の結果では、飼い主はC.spを保有している。飼い主はC.rectusを保有していないので、飼い主から飼い犬に伝播することはあり得ない。考えられるのはもう一人の同居者からC.rectusが伝播した場合である。また、旅行時の預け先として「親族者に預ける」と回答していることから、預け先での親族者からの伝播が考えられる。

3-3　PCR分析による飼い犬と飼い主間のC.rectusの共有事例

2013および2014アメリカ調査において飼い主と犬に、C.rectusが見つかった事例が2件あった。このケースについて調査票から詳細を明らかにする。

3-3-1.　飼い主について

該当する飼い主は、ニューヨーク市ブルックリン区在住、30代後半の女性（事例1）とカリフォルニア州バークレイ在住、40代男性(事例2)である。

事例1の職業はビジネス・オーナーであり、大学卒と回答している。出身地もニューヨーク・ブルックリンと回答されている。収入は「500万円〜1000万円」であり、分譲マンションを所有している。住宅の間取りはワンベッドルームに、合計3人で住んでいる。夫婦と子どもからなる世帯と考えられる。

事例2の職業は給与所得者であり、短期大学を卒業している。出身地はカリフォルニア州ではなく山岳地帯時間地域(Mountain time zone)出身である。収入は「〜500万円」であり、戸建住宅を所有している。住宅の間取りは2〜3ベッドルームに、合計3人で住んでいる。事例1と同様に夫婦と子どもからなる世帯と考えられる。

3-3-2. 飼い犬について

事例1の飼い犬は3歳のミニチュア・シュナイザーで、2年半飼っている。給餌は1日1回で、ドックフードと人間の残り物を餌としている。主なケアー担当者も上記本人である。

事例2の飼い犬は5歳のラブラドールとボーダーコリーのミックスである。5年飼っている。給餌は1日2回で、生肉、ドックフードと人間の残り物を餌としている。食器も犬と共有していると回答している。主なケアー担当者は回答者と妻で共同して行っている。犬の就寝場所は飼い主と同じベッドまたは犬用ベッドである。

3-3-3. 飼育について

事例1は1日に数回散歩をしており、合計60分と回答されている。30代でビジネス・オーナーという現在の状況からも、限られた時間的な余裕を1日数回合計60分の散歩に使っていると考えられる。旅行時には親族者に犬を預けている。

事例2も同様に1日に数回散歩をしており、合計45～90分と回答されている。旅行時には犬を連れて出かけると回答している。

3-3-4　ペット友人・ペットフレンドリーなコミュニティの関与

事例1はペット友人がいると回答し、出会ったのは公園でと回答している。ペット友人とのコミュニケーション内容としては、飼育の方法をあげている。さらに、飼育に関する情報の最も重要な源として、ペット友人をあげている。飼育歴も短く子犬の飼育に、ペット友人を大切にしていることがわかる。また、飼育マナーの悪い飼い主のイメージとして、排泄物を放置する飼い主をあげている。飼育に必要な施設としても、ペットフレンドリーなコミュニティとしても、公園の存在が重要であると考えている。この回答者にとって公園は散歩をさせる場であり、同時に飼育に関する知識をえる、ペット友人のいる場所でもある。

事例2もペット友人がいると回答し、友人から紹介されたペット友人であると回答している。ペット友人とのコミュニケーション内容としては、飼い犬に関係のない話題であると回答している。飼育に関する情報の最も重要な源として、ペット友人をあげている。飼育歴は5年であり、事例1よりは長いが、飼い犬の飼育において、ペット友人を大切にしていることがわかる。また、飼育マナーの悪い飼い主のイメージとして、求められている予防接種をしていない飼い主をあげている。飼育に必要な施設としては、事例1とは異なり動物病院が近い場所と回答している。

3-3-5.　歯周病について

事例1は飼い犬に対して、歯周病ケアーをしていると回答し、実施頻度について週一回と回答している。ケアー方法としては、ブラッシングと犬用ガムと回答している。自分自身および家族の歯周病菌有無については、「わからない」と回答している。

事例2も飼い犬に対して、歯周病ケアーに対してしていると回答し、実施頻度について週数回と回答している。事例1よりも歯周病ケアーの頻度は高いが、歯周病菌を犬に伝播している。ケアー方法としては、「その他」を選択し具体的には「引き綱」と「犬用ガム」と回答している。自分自身および家族の歯周病菌有無については、「持っていない」と回答している。

3-3-6.　共有事例の考察

C.rectus 伝播について、事例1の場合は小型犬ミニチュア・シュナイザーを飼っており、ワンベッドルームという住居環境から、飼い犬との密接度が高いと考えられる。事例2では大型犬ラブラトールと中型犬ボーダーコリーのミックスを飼っており、2～3ベッドルームに住むことから、事例1

よりは密接度は低いと考えられる。

事例1では回答者が主なケアーを担当しており、餌としてペットフードと食事の残り物を与えていることから、C.rectusが伝播したものと考えられる。事例2ではケアーを回答者と妻で共同して行っており、生肉、ドックフードと人間の残り物を餌としている。また食器も犬と共有し、犬の就寝場所が飼い主と同じベッドまたは犬用ベッドであることから、C.rectusが伝播したものと考えられる。ケアーの実施頻度と方法についても、ペット友人からのアドバイスがあったと考えられる。

事例1では、歯周病ケアーについて「週一回の実施」であることから、十分な予防がされていないことが、伝播の原因の一つとなっている。事例2は「週に数回実施」し、ケアーとして様々な方法を利用しているにもかかわらず、伝播している。

3-4 2012麻布大学附属動物病院調査と2013・2014アメリカ調査結果比較

3-4-1. はじめに

この章では下記の二つの調査結果を比較検討する。1つは、麻布大学附属動物病院におけるペット飼い主調査（以下動物病院調査と表記）である。対象者は動物病院にペットを連れて来院した飼い主89名である。動物病院調査は、紹介状に基づいた二次医療を受けている飼い主を対象としている。対象者は飼い犬の重大な疾患や犬種特有の遺伝病によって来院した89名である。大学附属動物病院であるから、重大な疾患や犬種特有の遺伝病による来院が多い。また、紹介状がないと受診できない二次医療を行っているから、何かしら重病を患っていることが考えられる。このように重篤な状況であるため、採取唾液によるPCR分析はできなかった。もう1つの調査は、前述した "Pet-friendly Community Research 2013・2014"（以下アメリカ調査と表記）である。この調査では74票を回収している。アメリカ調査には特に重篤な状況にある飼い犬は含まれていない。それぞれの調査で得られたデータを「疾病群」（動物病院調査）と「健康群」（アメリカ調査）と位置付けることができる。その位置づけにより、両者の回答の比較検討を行い、飼い犬の健康状態という変数の効果を明らかにする。

3-4-2. 回答者の属性

動物病院調査では「70代」「60代」「50代」の回答者で89名中49名と全体の半数となっている。退職者世代が多く含まれるため、夫婦で来院し夫人が回答するという場合が多かった。アメリカ調査では「30代」「40代」が最も多く、回答者全体74名のうち43名となっている。

現在の職業等状況については、動物病院調査では89名中「専業主婦」が28名と最も多く、「給与所得者」が27名、「自営業」14名、「無職」10名と続いている。アメリカ調査では「給与所得者」が51名となっている。両者の違いは「専業主婦」と「給与所得者」の割合の違いである。

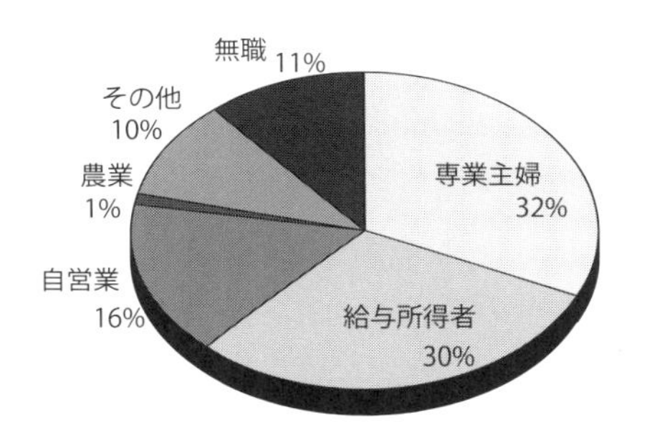

図 3-4-1: 動物病院調査回答者の職業等　N=89

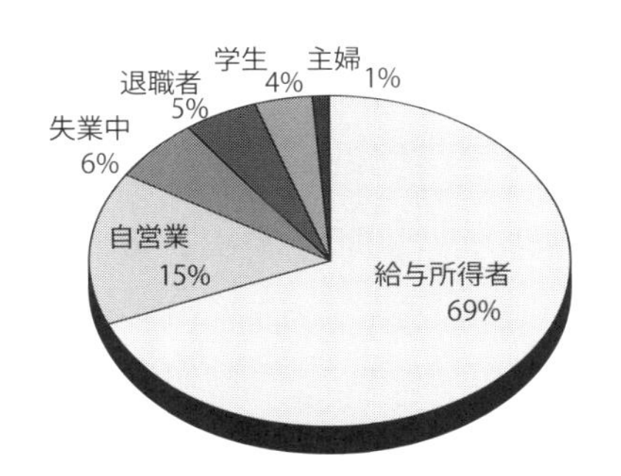

図 3-4-2: アメリカ調査回答者の職業等　N=74

回答者の出身地については、動物病院調査回答者89名のうち64名が調査実施地である首都圏および関東近県出身であった。現在の居住地は首都圏が69名、関東近県が6名である。「疾病群」の特徴として、高度医療を受けるために、東北地方と関西地方居住者がそれぞれ2名含まれている。アメリカ調査では、74名のうち39名が調査実施地である、カリフォルニア州およびニューヨーク圏出身である。ほぼ全員が調査実施地近くに居住し、徒歩で調査実施地に到達している。

3-4-3.　回答者の居住環境

動物病院調査回答者89名は「戸建住宅」に67名が住み、20名が「集合住宅」に居住している。アメリカ調査回答者は自己所有と賃貸を含めて74名のうち「戸建住宅」に30名が住み、43名が集合住宅に住んでいる。このことは日本とアメリカの住宅市場の特性によるものである。

回答者の住宅間取り・広さについては、それぞれの調査票で回答がしやすいように慣習的な表現を用いた。「ワンルーム等」と「50㎡」が、「2～3ベッドルーム」と「50～100㎡」が、「4ベッドルーム～」と「100～150㎡」が、住宅の間取りとして同等と考えると、動物病院調査回答は「100～150㎡」(「4ベッドルーム～」)および「150㎡～」がアメリカ調査回答よりも多い。アメリカ調査回答は「ワンルーム等」(「～50㎡」)および「2～3ベッドルーム」(「50～100㎡」)が多い。全体として「健康群」の方が狭い住宅に住んでいる。このことは「疾病群」と「健康群」の効果ではなく、動物病院調査回答者の方が飼い主の年齢が高くと、それに応じて子どもの数が多いため広い住宅に住んでいると考えられる。また「疾病群」では飼い主の年齢に従い犬齢が高くなるであろう。またそれぞれの住宅市場の特性で説明できる。

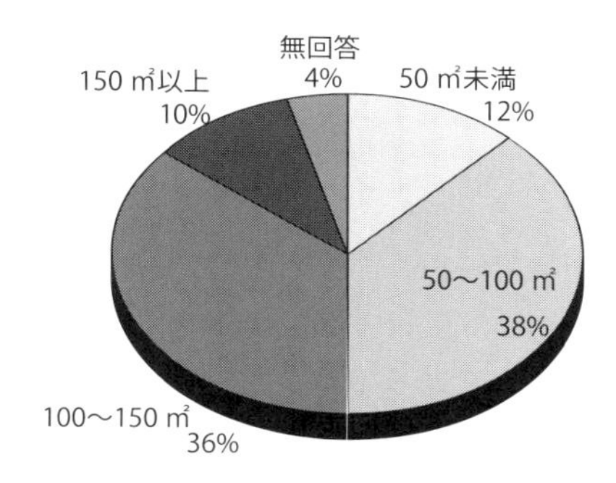

図 3-4-3: 動物病院調査回答者住居床面積　N=89

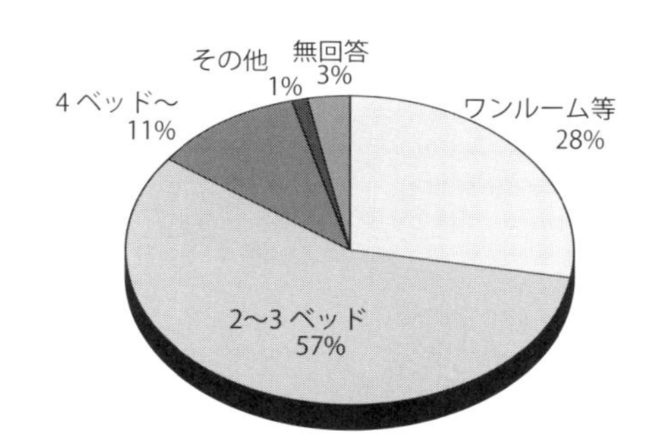

図 3-4-4: アメリカ調査回答者の住宅間取り　N=74

3-4-4.　回答者の同居人数と飼い犬について

両調査での回答者本人を含む同居人数合計について、合計「3名」という回答が、動物病院調査では23名、アメリカ調査では14名であった。「4名」という回答は、動物病院調査では21名、アメリカ調査では5名である。「5名」という回答は、動物病院調査では10名、アメリカ調査では1名である。年齢の低い回答者を多く含むアメリカ調査では、高齢者を多く含む動物病院調査よりも同居人数が少ない。逆に「1名」という回答については動物病院調査では４名、アメリカ調査では10名、「２名」という回答については動物病院調査では23名、アメリカ調査では43名と、高齢者を多く含む動物病院調査で少なくなっている。この結果は回答者の年齢の効果である。

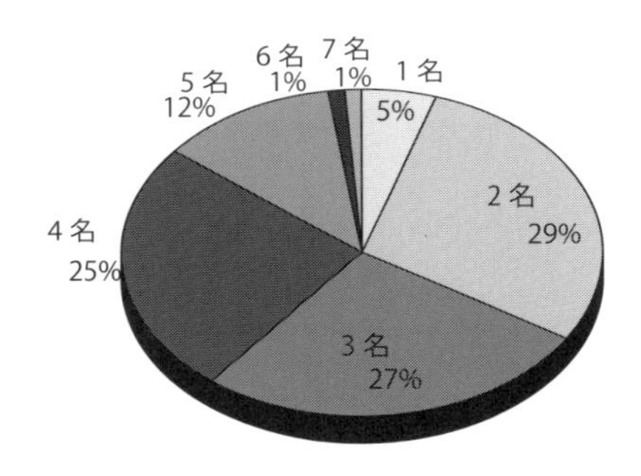

図 3-4-5: 動物病院調査回答者の同居人数合計　N=89

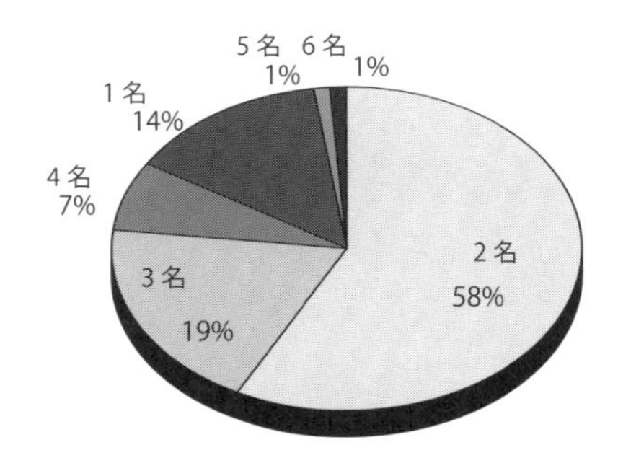

図 3-4-6: アメリカ調査回答者の同居人数合計　N=74

回答者のこれまでの飼育年数は、動物病院調査回答では10年未満が24名、10年以上20年未満が33名、20年以上30年未満が6名、30年以上40年未満が7名、40年以上50年未満が8名、50年以上が5名であった。この中には1年未満2名と67年1名が含まれている。平均値は18年、中央値は14年である。アメリカ調査回答は動物病院調査回答よりも飼育歴が短く、10年未満が68名、10年以上が6名、最も長い飼育歴は12年であった。平均値は4年、中央値は3年である。「疾病群」の方が飼育歴は長い。「疾病群」では「健康群」よりも豊かな飼育経験をもとにして、疾病を持つ飼い犬を飼育しているといえる。

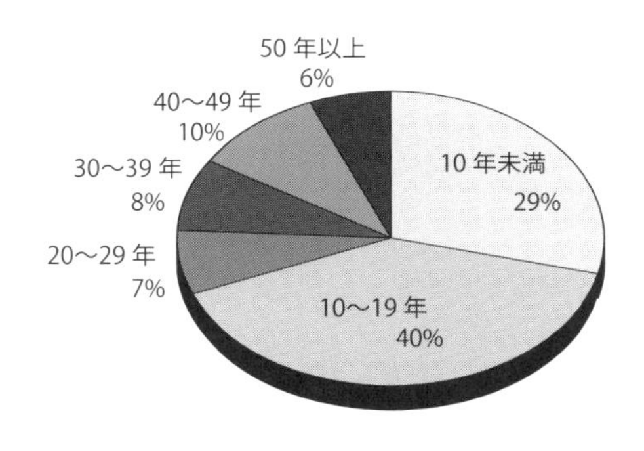

図 3-4-7: 動物病院調査回答者の飼育歴　N=83

現在飼育している頭数について、いずれの調査でも「1頭」が最も多く「2頭」が数名である。動物病院調査ではこのほかに「4頭」「5頭」がそれぞれ1名、その他に「7頭」「10頭」

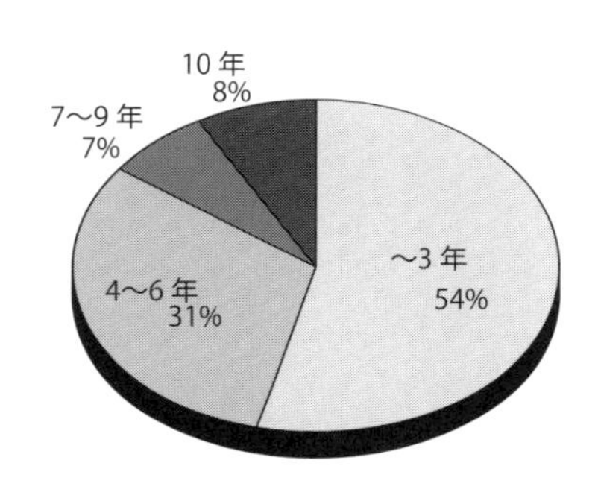

図 3-4-8: アメリカ調査回答者の飼育歴　N=74

という回答が1名ずつあった。アメリカ調査では「1頭」が60名、「2頭」が14名であり、その他は回答がなかった。現在の飼い犬の犬齢は動物病院調査では5ヶ月から19歳にわたり、「0〜3歳」が12名、「4〜6歳」が9名、「7〜9歳」が14名、「10歳〜」が46名になっている。平均値は9年であり、中央値は10年である。アメリカ調査では「〜3歳」が31名、「4〜6歳」が24名、「7〜9歳」が9名、「10歳〜」が7名であった。平均値は4年、中央値も4年である。「疾病群」は「健康群」よりも犬齢が高い。しかしながら3歳未満であっても重篤な疾病を持つ飼い犬が含まれている。飼育経験の短い飼い主では飼育が難しいと考えられる。

3-4-5.　飼育とケアーについて

飼い犬の主なケアー担当者については、「自分だけで担当」という回答が、動物病院調査では回答者82名のうち47名、アメリカ調査では回答者74名のうち47名であった。「自分とその他」という回答は、動物病院調査では9名、アメリカ調査では19名であった。「自分以外」という回答は、動物病院調査では26名、アメリカ調査では8名であった。この結果は「疾病群」と「健康群」において、半数以上が「自分が担当」という回答である。動物病院調査結果は「疾病群」であり、「他の家族との協同」を必要とし、動物病院の往復には普段はケアーを担当しない「自分以外」の家族員がかかわっていることがわかる。「疾病群」である動物病院調査回答では、飼い犬の生活リズムに合わせることができる家族員が多いことをも示している。

表 3-4-1: 両調査における主なケアー担当者の割合　単位：名

	自分が担当	その他と共同	自分以外	合計
動物病院調査	47	9	26	82
疾病群	57%	11%	32%	100%
アメリカ調査	47	19	8	74
健康群	64%	26%	10%	100%

3-4-6. 飼育の上で必要なペット関連店舗や施設について

飼育の上で必要なペット関連店舗や施設について、動物病院調査結果とアメリカ調査では大きな違いがみられる。「疾病群」である動物病院調査結果では、「動物病院」が最も多く、「健康群」であるアメリカ調査結果では「公園」が多い。このことには因果関係を見出すことができる。また飼い犬が健康を取り戻した場合には、異なる回答がされると思われる。

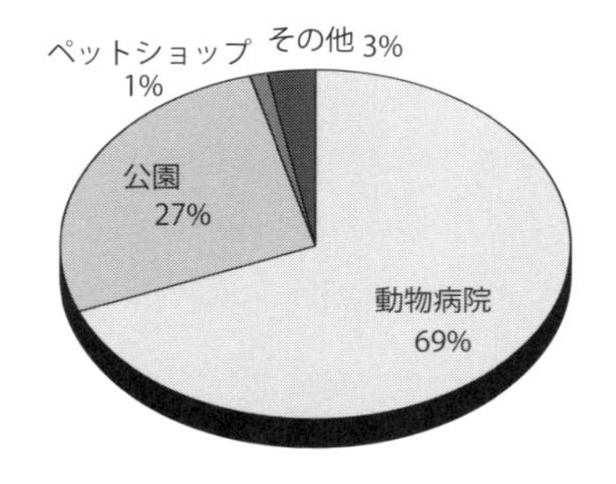

図 3-4-9: 動物病院調査飼育に必要なペット関連施設　N=86

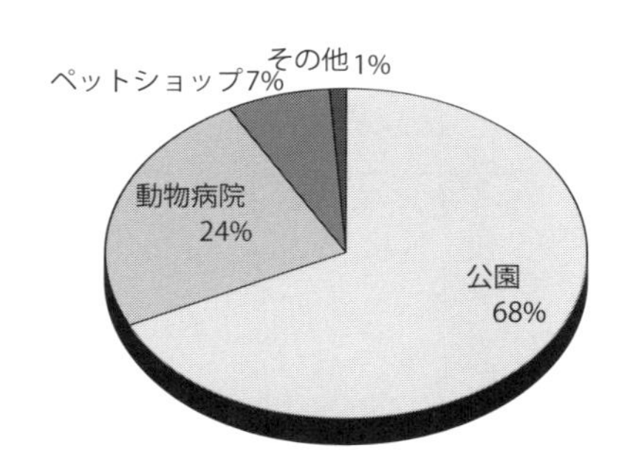

図 3-4-10: アメリカ調査飼育に必要なペット関連施設　N=71

3-4-7.　飼い犬の散歩について

散歩の頻度について、「1日数回」という回答が、動物病院調査では回答者85名のうち42名、アメリカ調査では回答者74名のうち64名であった。「1日1回」という回答は、動物病院調査では29名、アメリカ調査では7名であった。「2日1回」という回答は、動物病院調査では5名、アメリカ調査では1名であった。「3日以上1回」という回答は、動物病院調査では

4名、アメリカ調査では2名であった。「散歩しない」という回答は、動物病院調査では5名、アメリカ調査では「散歩しない」という回答はなかった。動物病院調査とアメリカ調査の結果では、「疾病群」である病院調査結果は散歩の頻度が低く、「健康群」であるアメリカ調査結果の方が散歩の頻度は高い。

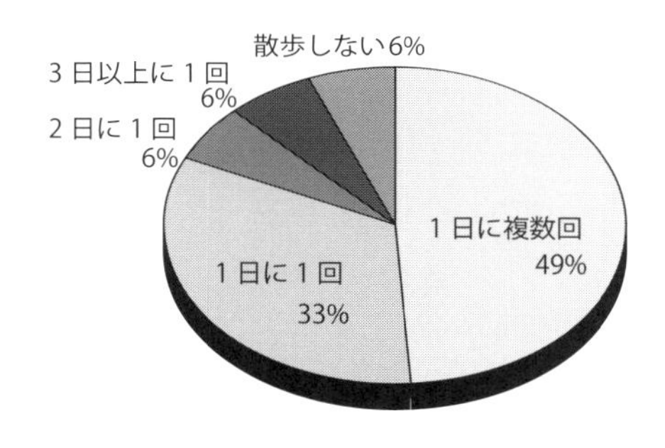

図 3-4-11: 動物病院調査散歩の頻度　N=84

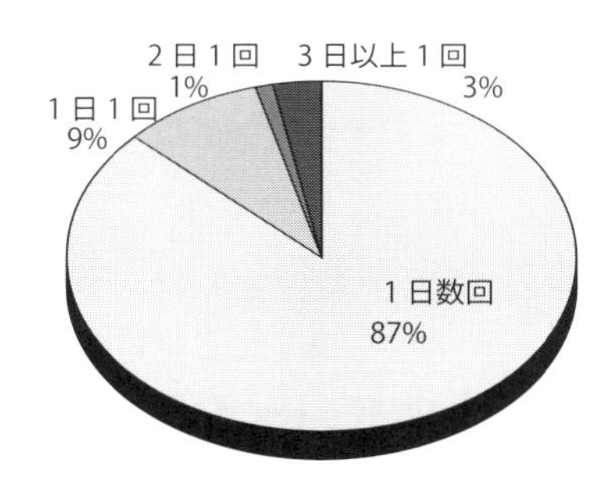

図 3-4-12: アメリカ調査散歩の頻度　N=74

散歩時間については、「疾病群」である動物病院調査結果では、5分から100分にわたり、平均37分、中央値は30分であった。「健康群」であるアメリカ調査結果では、3分から210分にわたり、平均56分、中央値45分であった。動物病院調査結果とアメリカ調査結果を比較すると、「健康群」であるアメリカ調査結果が、散歩の頻度および散歩時間においても「疾病群」である動物病院調査結果を上回っている。

3-4-8. 旅行などにおける預け先について

家族旅行などに出かける際に、飼い犬を預けるなどどのように対処するかについても、「疾病群」と「健康群」では違いがみられる。「疾病群」である動物病院調査結果では、「連れて出かける」が最も多く、「遠出をしない」という回答が続いている。「健康群」であるアメリカ調査結果では、「友人や近隣に預ける」が最も多く、「連れて出かける」が続いている。動物病院調査結果では「知人に預ける」という回答は極めて少ない。このことは疾病を抱える飼い犬を知人に預けることに対する不安と、預かる知人にとって負担が重いと考えている。「疾病群」と「健康群」両方にとって「ペットホテル」や「業者」は信頼しうる選択肢となっている。両調査の結果において、「旅行しない」「遠出しない」という回答がある。「疾病群」の飼い主にとっては疾病を抱える飼い犬とともには「遠出することができない」ことであり、「健康群」にとっては、飼い犬以外の家族の理由から「旅行しない」と考えているものと思われる。

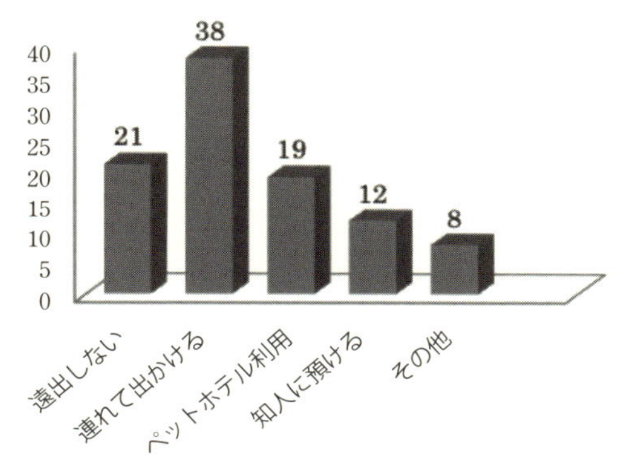

図 3-4-13: 動物病院調査旅行時における預け先　複数回答

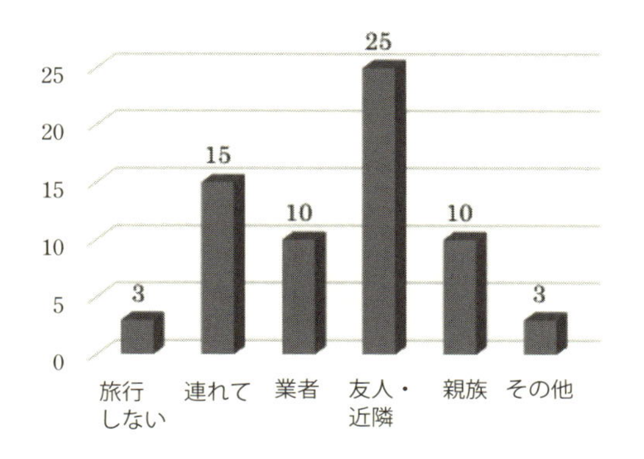

図 3-4-14: アメリカ調査旅行時における預け先　N=66

3-4-9. ペット友人の有無について

ペット友人の有無について、動物病院調査結果では60名が「ペット友人がいる」と回答している。「いない」と回答したのは17名、「どちらとも言えない」が10名であった。アメリカ調査結果では68名が「いる」と回答している。「いない」という回答が2名、「どちらとも言えない」が3名であった。後述するように、ペット友人と飼い犬の遊び場所としての公園は密接な結びつきがある。「疾病群」である病院調査回答者は、公園にてペットを介したネットワークの構築ができず、ペット友人の獲得が難しくなっている。動物病院でのペット友人の可能性も考えられるが、通院頻度は一般の医療施設のように高くはなく、患者の交流は少ない。動物医療機関が働きかけない限りペット友人ネットワーク構築は困難だと思われる。

ペット友人との出会いのきっかけについては、動物病院調査結果では、複数回答で「公園など」でであったという回答が44名と最も多い。「疾病群」であっても少ない散歩の頻度と時間において、公園などでペット友人関係を構築している。その他の回答では「電子メディア」を通じてという回答が10名であった。動物病院利用者にとってはSNSなどによるネットワーク構築の可能性が期待できる。アメリカ調査結果においても「ドッグパーク」で出会ったという回答が50名、「友人による紹介」が6名、「電子メディアを通じて」はわずかに1名であった。「疾病群」と同様に「健康群」でも「ドックパーク」は具体的なペット友人獲得の場となっている。「電子メディア」は「疾病群」に特徴的なネットワーク構築の手段である。

3-4-10. ペット友人とのコミュニケーション内容

ペット友人とのコミュニケーション内容について、動物病院調査結果では「犬の飼育方法」という回答が37名、「動物病院について」が14名、「犬の葬儀・埋葬について」が2名、「犬以外のことについて」が18名、その他6名、であった。アメリカ調査結果では、「犬の飼育方法について」が33名、「ペット用品や店舗について」が6名、「動物病院について」が2名、「ペットとは関係がない話題」が19名、その他10名であった。コミュニケーション内容として「飼育方法」と「飼い犬とは無関係」な話題については、「疾病群」と「健康群」では同様の結果である。「疾病群」では「動物病院」が話題とされている。

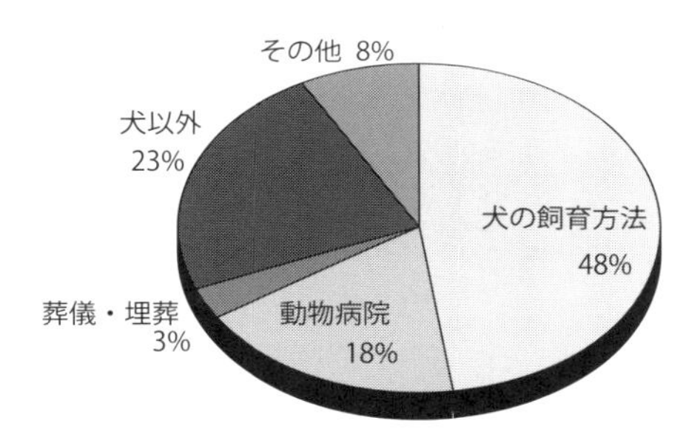

図 3-4-15: 病院調査コミュニケーション内容　N=77

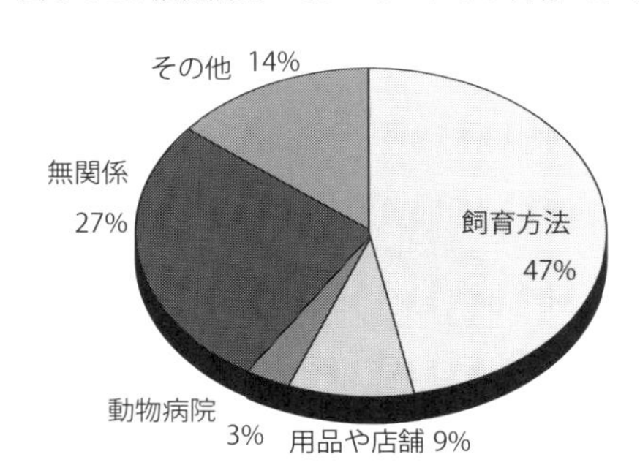

図 3-4-16: アメリカ調査コミュニケーション内容　N=67
※複数回答した 1 名を含む。

3-4-11.　飼育知識の獲得

飼い犬を飼育する際に必要な知識をどこから得ているかについて、動物病院調査結果では、「書籍」と回答したのが39名、

「ペット友人から」が11名、「家族から」7名、「動物病院」7名、「ペットショップ」4名、その他23名であった。「疾病群」では「書籍」から得ているという回答が最も多い。このことは「動物病院」と「ペットショップ」という回答も併せて、健康を害している飼い犬の飼育については、専門的な知識を前提とする十分に信頼できる対象から得ようと考えていることがわかる。アメリカ調査結果では、「ペット友人から」が37名、「家族から」と「本・雑誌やインターネット」からがともに11名、「獣医師から」が5名、その他が8名であった。「健康群」では「ペット友人」からが最も多く、「家族から」という回答も併せて、専門知識ではなく生活課題の共有の観点から、知識を得ていることがわかる。「健康群」においても「疾病群」と同様に、専門的知識を前提とした「本・雑誌やインターネット」からと「獣医師から」があわせて16名選択されている。

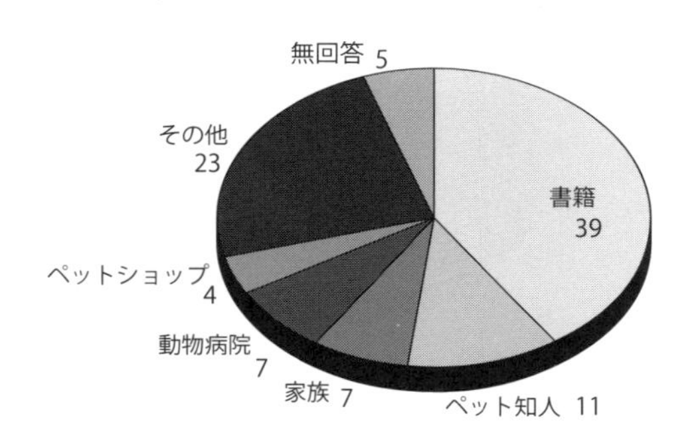

図 3-4-17: 動物病院調査飼育知識獲得手段　複数回答（単位：名）

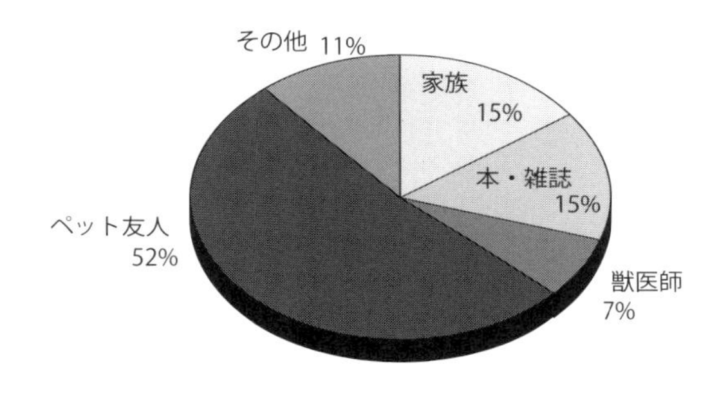

図 3-4-18: アメリカ調査飼育知識獲得手段 N=72
※複数回答した 1 名を含む。

3-4-12. 好ましくない飼育マナーについて

好ましくない飼育マナーについて、動物病院調査結果では「排泄物の処理をしない」という回答が55名、「しつけをしない」が12名、「日常的な放し飼い」が10名、「予防接種をしない」10名、「その他」4名であった。「排泄物の放置」については「疾病群」および「健康群」でも同様に好ましくないと考えられている。両者ともに飼い犬の健康を考えた回答である。

アメリカ調査結果では、「排泄物の処理をしない」という回答が28名、「しつけをしていない」が22名、「必要な予防接種を受けさせていない」が11名、「いつも放し飼いをしている」が5名であった。「健康群」にとっては特に「しつけなし」と「予防接種無視」は好ましくない飼育マナーと考えられている。飼い犬の予防接種について公園で遊ばせる「健康群」の飼い主にとっては自分の飼い犬だけでなく、他人の犬も予防接種をしているか気になる問題である。

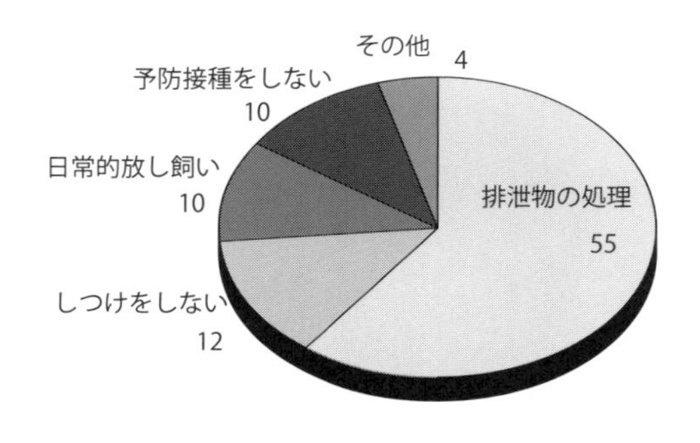

図 3-4-19: 動物病院調査悪い飼育マナー　※複数回答　（単位：名）

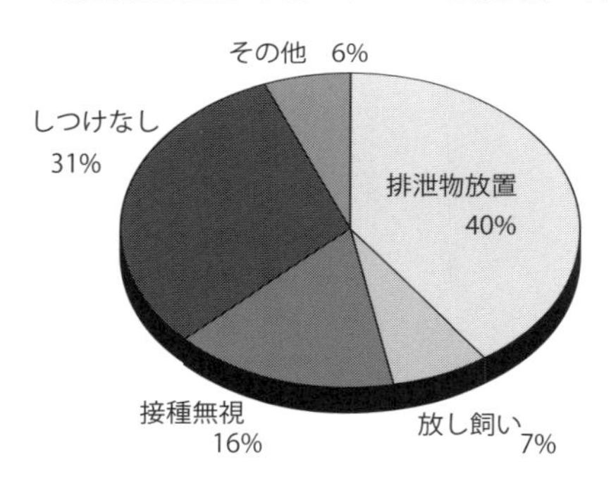

図 3-4-20: アメリカ調査悪い飼育マナー N=70

3-4-13.　ペットフレンドリーなコミュニティのイメージ

飼い犬の飼育がしやすいペットフレンドリーなコミュニティの具体的なイメージについて、動物病院調査結果では「広い公園や空間がある」という回答が51名、「動物病院が近い」が39名、「ペット仲間が多い」が6名、「ペットショップが近い」が3名、「その他」2名であった。「疾病群」であっても「公園や空間」は重要な施設と位置付けられている。また「疾病群」の特性として、「動物病院が近い」という回答は飼い犬の健康維持のために前提となっている。この回答には現在利用している動物病院が遠いという意味も込められていると解釈できる。

アメリカ調査結果では「健康群」の特性として、「公園や空間」という回答が59名であった。「疾病群」および「健康群」において同様に「ペット友人」という回答がされているが、選択数は少ない。理想としての「ペットフレンドリーなコミュニティ」は、「ペット友人」とは切り離され、「公園や広い空間」があり、「疾病群」にとっては「動物病院」が近いコミュニティのイメージである。「ペットフレンドリーなコミュニティ」における「ペット友人」とは、相対化されペットを介さない近隣住民と同様に認識される。

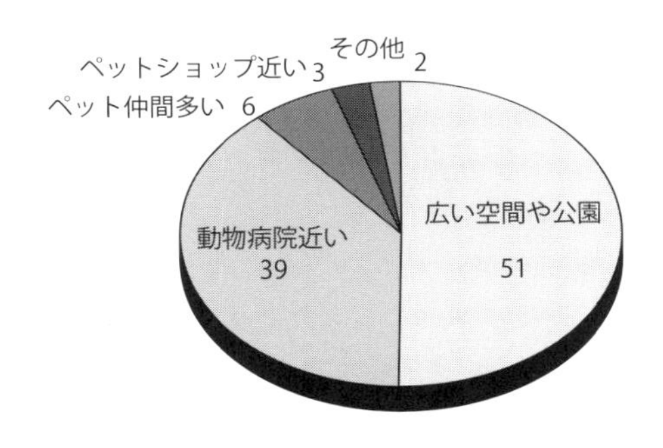

図 3-4-21: 動物病院調査コミュニティイメージ　※複数回答　（単位：名）

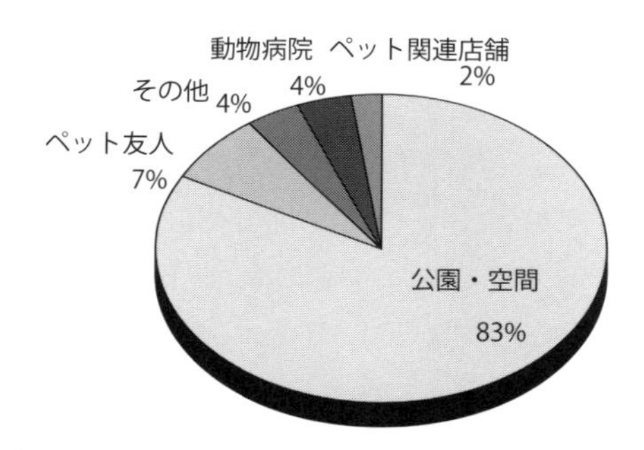

図 3-4-22: アメリカ調査コミュニティイメージ N=71

4　ペットフレンドリーなコミュニティにむけて

4-1　2013・2014アメリカ調査回答者の類型
――居住する住宅様式と年齢による類型化

4-1-1.　類型化に用いる変数

ここではアメリカ調査回答者全体の類型化を試みる。類型化に用いる変数としては、回答者が居住する住宅の様式と、回答者の年齢を用いる。居住する住宅の様式については、飼育に必要な施設について、公園などの広い空間が必要か、動物病院が必要かについて差異があった。また歯周病ケアーの頻度についても差異があったために、類型化の変数として採用する。居住する住宅の様式は、「戸建住宅所有」(18事例)、「マンション所有」(18事例)、「戸建賃貸」(7事例)、「アパート賃貸」(25事例)、合計で68事例である。

飼い主の年齢は飼育に関する知識源に差異があった。また飼育マナーの悪い飼い主のイメージについても違いがあったので採用する。飼い主の年齢は、20代および30代（若年世代：33事例)、40代以上（中高年世代：38事例)、年齢無回答の2名と親の家に住む1名を除き、合計68事例である。

4-1-2.　回答者類型の構成

回答者の住宅様式と年齢による世代を変数として類型を試みと、以下の68事例を7つの類型に分けることができる。それぞれの類型には、サンフランシスコ調査とニューヨーク・ブルックリン調査の事例を含んでいる。両都市は全米において最も地価の高い都市に含まれる都市であることから、同一の類型の下にまとめることができるだろう。

表 4-1-1: アメリカ調査事例の類型化

	戸建所有	マンション所有	戸建賃貸	アパート賃貸
若年世代	① 3 事例	③ 7 事例	⑤ 7 事例	⑥ 16 事例
中高年世代	② 15 事例	④ 11 例	-	⑦ 9 事例

4-1-3.　各類型の特徴

以上のように類型化された各類型の特徴をまとめる。

①　戸建所有―若年世代

この類型は30代の給与所得者であり、学歴は大学院卒業である。出身地と現在の居住地は、それぞれ移動がない回答者、近い州からの移動、東海岸から西海岸への移動となっている。年収についてはアッパーミドルである。住宅サイズについては、「1ベッドルーム」など最小の住宅はなく、「2～3ベッドルーム」以上の住宅に住んでいる。家族規模では2人である。子どもはなく夫婦のみの世帯である。

飼育歴は短く、初めて犬を飼育したものと考えられる。犬種は大型犬で1頭を飼育している。給餌回数は1日2回で、ドックフードを与えている。飼育に必要な施設としては「公園や広い空間」が必要であると回答しており、ペットフレンドリーなコミュニティについても、「公園や広い空間」と回答している。

散歩回数は1日に1回で、60分散歩をさせている。ペット友人はいるが、出会いについては散らばりがある回答であった。ペット友人とのコミュニケーション内容については、「飼育には関係のない内容」である。飼育の知識については「獣医師から」アドバイスを得ている。

飼育マナーの悪い飼い主のイメージとしては、「予防接種をしていない飼い主」に対して悪いイメージを持っている。飼い犬の歯周病ケアーについては、全員が実施していると回答している。実施の方法や頻度については回答に散らばりがある。

② 戸建所有一中高年世代

この類型は40代および50代である。職業および学歴についても回答に散らばりがある。出身地と現在の居住地は、大きな移動はなく近接する州や出身地と同一州内に居住している。年収については、もっとも高額な選択肢を選んでいる。住宅サイズについては「2〜3ベッドルーム」に住んでおり、①戸建所有一若年世代よりも広い。同居者数も①類型よりも多く、子どもが1人いる。

飼育年数も①類型より長く、①類型よりも年齢の高い中型犬を1頭飼育している。給餌回数は2回であるが、餌は「生肉」、「ドックフード」、「飼い主の残り物など」回答に散らばりがある。飼育担当者は回答者自身とその他に分かれている。

①類型と同様に、飼育に必要な施設としては「公園や広い空間」が必要であると回答しており、ペットフレンドリーなコミュニティについても、「公園や広い空間」と回答している。

散歩回数は1日1回であるが、時間については回答に散らばりがある。旅行時の飼い犬預け先については、「友人近隣」を頼っている。ペット友人はいるが、①類型と同様に出会いについては散らばりがある回答であった。ペット友人とのコミュニケーション内容についても、散らばりがある回答であった。

飼育の知識については「獣医師から」と「ペット友人から」に分かれている。飼育マナーの悪い飼い主のイメージとしては、「排泄物を放置する飼い主」に対して悪いイメージを持っている。飼い犬の歯周病ケアーについては、実施しいてないと回答している。

③　マンション所有―若年世代

この類型は30代の給与所得者であり、学歴は大学卒と大学院卒である。出身地と現在の居住地は近接する州や出身地と同一州内に居住している。年収については最も高額な選択肢は選択されず、アッパーミドルクラスに属している。住宅サイズについては、①類型および②類型よりも狭く、「1ベッドルーム」か「2～3ベッドルーム」である。家族規模は2名であり、子どもと同居していない夫婦のみである。

飼育歴は短く、犬種は大型犬1頭を飼育している。給餌回数は2回で、ドッグフードを与えている。①類型と②類型同様に、飼育に必要な施設としては公園や広い空間をあげている。ペットフンドリーなコミュニティについても、公園や広い空間と回答している。

散歩回数は1日1回であり、30分程度と短い。ペット友人はおり、出会った場所については公園である。ペット友人とのコミュニケーション内容については、「飼育と関係のない話題」など、回答に散らばりがみられる。

飼育の知識についてもペット友人など回答に散らばりがみられる。飼育マナーの悪い飼い主のイメージとしては、「排泄物放置」と「しつけをしていない」ことに分かれている。飼い犬の歯周病ケアーについては、実施している。実施の方法や頻度については回答に散らばりがみられる。

④　マンション所有―中高年世代

この類型は40代の給与所得者または自営業者である。学歴は①類型および③類型同様大学卒と大学院卒からなる。出身地と現在の居住地は隣接する州や出身地と同一州内に居住している。年収については最も高い選択肢を含むアッパーミドルクラスであり、③類型よりも高い。住宅サイズについては、「2～3ベッドルーム」である。家族規模では子どもがいない夫婦のみの世帯である。

飼育歴は短く、②類型よりも短く、①類型と同様である。犬種は中型犬を1頭飼育している。給餌回数は1日2回でドッグフードを与えている。飼育に必要な施設としては①②③④類型と同様に「公園または広い空間」をあげている。ペットフレンドリーなコミュニティについても、「公園や広い空間」と回答している。

散歩回数は1日1回1時間以下である。旅行時の飼い犬預け先については、「友人近隣」を頼っている。ペット友人はおり、公園で出会っている。ペット友人とのコミュニケーション内容は、「飼育方法について」が最も多い。飼育の知識についてはペット友人からのほかに、「雑誌書籍やインターネット情報」を用いている。飼育マナーの悪い飼い主のイメージは、回答に散らばりがみられる。飼い犬の歯周病ケアーについては、「していない」という回答が最も多い。

⑤　戸建賃貸―若年世代

この類型は30代の給与所得者である。学歴は①③④類型と同様に大学院卒業と大学卒業からなる。出身地と現在の居住地は異なる。年収についてはアッパーミドルクラスであり、共働きとも考えられる。住宅サイズについては、「2～3ベッドルーム」である。家族規模では子どもありから、単身まで回答に散らばりがある。

飼育年数は短く、犬種を特定できないが1頭を飼育している。給餌回数は他の類型と同様に1日2回であり、ドックフードを与えている。飼育に必要な施設は回答に散らばりがある。ペットフレンドリーなコミュニティについては公園や広い空間をあげている。

散歩回数および散歩頻度は極端に差が大きい。旅行時には預けることなく、連れて行くと回答されている。ペット友人はおり、その出会いとコミュニケーション内容と飼育の知識についても回答に散らばりがある。

飼育マナーの悪い飼い主のイメージとしては、「排泄物を放置する飼い主」をあげている。飼い犬の歯周病ケアーについては、実施しているが、方法と実施頻度に回答の散らばりがある。

⑥　アパート賃貸―若年世代

この類型は20代および30代の給与所得者からなる。学歴は①②④⑤類型と同様に、大学卒業と大学院卒業者からなる。出身地と現在の居住地は、アメリカ国外出身を含み、移動を経ている。年収については最も高い選択肢と、ミドルクラスに2分されている。住宅サイズについては、「1ルームおよび1ベッド」である。家族規模では、子どものいない夫婦のみの世帯である。

飼育歴は短い。犬種は大型1頭を飼育している。給餌回数は1日2回で、ドックフードを与えている。飼育に必要な施設として「公園」を選択し、ペットフレンドリーなコミュニティについても、「公園や広い空間」と回答している。

散歩回数は1日1回で、散歩時間については回答に散らばりがある。ペット友人はおり、出会いのきっかけも公園での出会いであった。ペット友人とのコミュニケーション内容、飼育の知識について、飼育マナーの悪い飼い主のイメージについてはいずれも回答に散らばりがある。飼い犬の歯周病ケアーについては、実施しているが、実施の方法や頻度について回答に散らばりがある。

⑦　アパート賃貸―中高年世代

この類型は40代および50代の給与所得者からなる。学歴は大学卒業であるが、大学院卒業は少ない。出身地と現在の居住地同じ州である回答と、アメリカ国外を含む移動を経た回答者に二分されている。年収については、最も高い選択肢から、最も低い選択肢に回答が散らばっている。住宅サイズについては、「2～3ベッドルーム」であり、子どものいない夫婦のみの世帯である。

飼育歴は短く、大型犬を1頭飼育している。給餌回数は1日2回であり、ドッグフードを与えている。飼育に必要な施設としては、「公園や広い空間」を選択し、ペットフレンドリーなコミュニティについても、「公園や広い空間」と回答している。

散歩回数は1日1回で、散歩時間は30分以下であり他の類型と比べ最も短い。ペット友人はおり、公園で出会っている。ペット友人とのコミュニケーション内容については、飼育とは無関係な内容などである。

飼育の知識については、ペット友人から得ている。飼育マナーの悪い飼い主のイメージとしては、排泄物放置をあげている。飼い犬の歯周病ケアーについては、実施をしているが、実施の方法や頻度については回答に散らばりがある。

以上の①～⑦類型ごとの特徴を表にまとめると表4-1-2のような内容になる。

4-1-4. 回答者類型間の移行パターン

①～⑦の類型間での移行可能性については、以下のような可能性があげられるだろう。

表 4-1-2: ①〜⑦類型内容

	①戸建所有—若年	②戸建所有—中高年	③マンション所有—若年	④マンション所有—中高年	⑤戸建賃貸—若年	⑥アパート賃貸—若年	⑦アパート賃貸—中高年
学歴	大学院卒業	—	大学卒・大学院卒	大学卒・大学院卒	大学卒・大学院卒	大学卒・大学院卒	大学卒業
居住地移動	多様な移動	近接・同一州内	近接・同一州内	隣接・同一州内	—	移動あり	移動なしとあり
年収	アッパーミドル	アッパーミドル	アッパーミドル	アッパーミドル	アッパーミドル	ミドル・アッパーミドル	—
住宅サイズ	中	中	中未満	中	中	狭	中
世帯人数	2人	夫婦と子ども1人	2人	2人	—	2人	2人
飼育歴	短	長	短	短	短	短	短
犬種・頭数	大型犬1頭	中型犬1頭	大型犬1頭	中型犬1頭	回答分散1頭	大型犬1頭	大型犬1頭
餌	ドックフード	生肉・固形・残り物に分散	ドックフード	ドックフード	ドックフード	ドックフード	ドックフード
散歩時間	長	—	短	中	—	—	短
ペット友人出会い	—	—	公園	公園	—	公園	公園
コミュニケーション	無関係	—	—	飼育方法	—	—	無関係
飼育知識源泉	獣医師	獣医師・ペット友人	—	—	—	—	ペット友人
悪い飼育マナー	予防接種無視	排泄物放置	排泄物放置・しつけなし	—	排泄物放置	—	排泄物放置
歯周病ケアー	実施	実施していない	実施	実施していない	実施	実施	実施

※「—」は回答が分散しており、典型的な回答を示すことができない変数である。

Ⅰ．「②戸建所有—中高年」への移行

「①戸建所有—若年」が加齢と婚姻により、住宅取得を経ず「②戸建所有—中高年」に移行する。

「⑥アパート賃貸—若年」が加齢と婚姻と住宅購入により、「②戸建所有—中高年」に移行する。

Ⅱ．「④マンション所有—中高年」への移行

「③マンション所有—若年」が加齢により、住宅取得を経ず「④マンション所有—中高年」に移行する。

「⑥アパート賃貸—若年」が加齢と住宅取得により、「④マンション所有—中高年」に移行する。

Ⅲ．「⑤戸建賃貸—若年」からの移行

「⑤戸建賃貸—若年」が加齢と住宅取得により、「②戸建所有—中高年」に移行する。

「⑤戸建賃貸—若年」が加齢と住宅取得により、「④マンション所有—中高年」に移行する。

Ⅳ．「⑦アパート賃貸—中高年」への移行

「⑥アパート賃貸—若年」が加齢により、住宅取得を経ず「⑦アパート賃貸—中高年」へ移行する。

「①戸建所有—若年」が加齢と、住宅売却を経て「⑦アパート賃貸—中高年」へ移行する。

「③マンション所有—若年」が加齢と、住宅売却を経て「⑦アパート賃貸—中高年」へ移行する。

「⑤戸建賃貸—若年」が加齢により、「⑦アパート賃貸—中高年」へ移行する。

以上の可能性が考えられる。②類型と④類型では、小型犬1頭が典型的な事例である。②類型が長い飼育歴を有することを考えると、大型犬飼育の後に中型犬飼育に移行することが想像できる。②類型では子どもがいる分だけ飼育にかける時間が減ることがあり、歯周病ケアーをすることができないことが考えられる。これらのことから住宅・ライフスタイル・世代を考える場合、飼い犬が重要な要因になっていることが考えられる。

4-1-5. ①〜⑦類型と歯周病保持

アメリカ調査では、歯周病を伝染するC.rectusに注目して、人と犬の間の歯周病原因菌の伝播について、DNAレベルでの分析を行った。この分析では飼い主と犬の唾液を収集し、歯周病の伝染の有無を明らかにした。具体的には、C.rectusに特異的と考えられるプライマーを用いて、PCR増幅を行い塩基配列確認した。2頭を飼育している11世帯を含む、合計88頭の分析結果は、②類型および③類型においてC.rectus保有が、それぞれ2頭確認できた。歯周病ケアーを「実施していない」と回答があった②および④類型では、C.rectus保有は確認できなかった。

4-2　ペットフレンドリーなコミュニティモデル
―調査結果から

4-2-1.　コミュニティモデルの背景となる住民の現状について

ここでは、2013および2014調査、動物病院調査による調査結果から、コミュニティモデルを提示したい。上記の調査における回答者の現状を、コミュニティモデルにおける住民の現状と考えて、主な特性を示す。

・年齢　2013調査および2014調査では、20代12%、30代34%、40代24%、50代15%であり、30代と40代で半数を超えている。「疾病群」である動物病院調査では、50代、60代、70代で半数を超えている。コミュニティモデルとしては、30代および40代を中心として、20代と50代に広がる年齢層を考える。

・職業　2013調査および2014調査では、「給与所得者」が70%であり、「自営業者」が15%であった。コミュニティモデルにおける住民については、調査結果全体の70%である「給与所得者」を想定する。「疾病群」である動物病院調査では、「専業主婦」の割合が高かった。コミュニティモデルにおいては、「健康群」の現状を前提として考える。

・学歴　2013調査および2014調査では、大学院卒が47%、大学卒が43%であり、全体の90%となった。この結果は高学歴住民に偏りがあると考えられる。コミュニティモデルにおいては高学歴を前提として、モデル構築を試みたいと考える。

・収入　2013および2014調査では、「500～1000万円」34%、「1001～1500万円」17%、「1501万円～」30%であった。これらの各カテゴリーで80%を超えている。収入については学歴と職業から考えると、妥当な範囲に分布している。

・居住地特性について　2013および2014調査および病院調査では、大都市郊外を調査地としている。2013調査はニューヨーク郊外に位置するブルックリン区およびサンフランシスコ市中心部に近い住宅地において、2014調査は同様にブルックリン区とサンフランシスコ市郊外にあたるバークレイ市において実施した。病院調査は受診先での調査であり、前述の二つの調査とは異なり、居住地での調査ではない。遠隔地からの通院者を含んでいるが、90%が首都圏在住である。これらのことから、ペットフレンドリーなコミュニティは、大都市郊外の住宅地を念頭においてモデルを構築する。

・住宅様式について　2013および2014調査では、住宅の自己所有と賃貸の割合はほぼ50%で同じ程度であった。病院調査では戸建持家を中心とする、日本の住宅市場のあり方を反映して75%が戸建住宅所有である。この点は動物病院調査での回答者の年齢が、2013および2014調査よりも高いことも関連している。コミュニティモデルとしては、戸建と集合住宅が混在する形態を想定する。住宅様式については、アメリカ調査全体では以下のような類型化を試みた。若年世代に対しては、「アパート賃貸」、中高年世代に対しては「戸建住宅」を、それぞれの収入規模にあった価格において、供給されることが求められる。さらにペット飼育に対する工夫が必要となるだろう。

・住宅規模について　2013および2014調査では、「2～3ベッドルーム」が57%と最も多い。「ワンルーム」が28%であった。「2～3ベッドルーム」の住宅は、戸建である場合も集合住宅である場合も考えられる。「ワンルーム」の場合は集合住宅か戸建住宅の一部を賃貸している場合が考えられる。「疾病群」である動物病院調査結果では、2013および2014調査よりも広い住宅規模であった。回答者本人を含む同居者数は、「2名」が60%で最も多い。「1名」は14%であり、「ワンルーム」に住む場合が多いと考えられる。14%にあたる「3名」の場合は回答者から見て生殖家族である場合と、回答者の年齢構成から考えて少数の定位家族が含まれ、子どもと同居する家族である。「3名」以上を含む子どもと暮らす家族は、合計で28%である。残りの70%超は子どものいない家族である。コミュニティモデルとしては、若年世代向け「アパート賃貸」、中高年世代向け「戸建住宅」、子どものいない家族または子どもが離れていった家族が想定される。

4-2-2.　飼育歴と犬齢について

2013調査および2014調査では、飼育歴が「〜3年」54%、「4〜6年」31%であり、「7〜9年」7%、「10年〜」8%となっている。飼育歴は短いと考えることができる。飼い犬の犬齢は「〜3歳」43%、「4〜6歳」34%であり、「7〜9歳」13%、「10歳〜」10%であり、飼育歴とほぼ同年数となっている。このことから、初めて犬を飼育する回答者が多いことがわかる。ペットフレンドリーなコミュニティモデルとしては、初めて犬を飼う飼育経験の少ない飼い主を想定できる。前述の同居者数と飼育経験および犬齢からは、コミュニティモデルとしては、山田昌弘のいう「家族ペット」を飼う「賃貸アパートに住む若年世代」(山田昌弘 2007) の実態が想定される。

4-2-3.　飼い犬と飼育方法について

2013調査および2014調査では、飼い犬の犬種については、「大型」「中型」「小型」にカテゴリー化した。この3つの犬種は、「大型」44%、「中型」29%、「小型」27%であり、大型犬が多く、「中型」「小型」では差は少ない。この事はアメリカにおける動物介在療法の普及との関連で説明ができるだろう。自閉症児や発達障害児に対する動物介在療法では、ストレス耐性が強い大型犬を利用することが多いからである。主な飼い犬ケアーの担当者は「自分」64%、「その他」26%、「自分とその他」が10%である。

コミュニティモデルとしては、大型の飼い犬を「自分」や「その他」により飼育している。同居者数から考えれば、全員で飼育をしているとみて良いだろう。犬の就寝場所も

90%が室内であり、屋外は10%であった。これらの点も「家族ペット」としてのあり方を反映している。子どもの場合では年齢により就寝場所の変化が考えられるが、飼い犬の場合は犬齢による変化は見られない。

4-2-4. ペットフレンドリーなコミュニティイメージについて

「飼育に必要な施設」と「ペットフレンドリーなコミュニティのイメージ」は、大きく異なっている。飼育に必要な施設としては、「公園」という回答が68%であり、「動物病院」は24%であった。この両者については飼い犬の犬齢によって説明された。「動物病院」は犬齢の高い飼い主による回答であった。一方で、「ペットフレンドリーなコミュニティのイメージ」は圧倒的に「公園」83%と回答されている。「ペット友人が近くに住んでいる」はわずか7%であった。ここでは「飼い主」と「公園」および「ペット友人」をネットワークと考える。このネットワークを松本に従って、関係の機能に注目したコミュニティ・ネットワークの分析を試みる(松本 2014: 86-96)。フィッシャーはソーシャル・サポートを、「相談」「親交」「実用的」に分類している(Fischer 1982=2002: 186)。「公園・空間」を「飼育に必要な施設」という観点から見れば、フィッシャーのいう「実用的」なサポート機能と考えられるだろう。

「ペット友人」を「相談」および「実用的」な手段として位置付けることも可能である。「飼育に関する知識の入手について、回答者の52%が「ペット友人から」と回答している。また「ペット友人」とのコミュニケーション内容について、回答者の47%が「飼育方法について」と回答している。この点は「相談」とも「実用的」とも位置付けられる機能におけるネットワークである。純粋に「実用的」な機能は、旅行時の「預け先」として把握できる。旅行時には、回答者の23%が「連れて出かける」、23%が「親類に預ける」、最も多い38%は「友人および近隣」と回答している。このように「ペットフレンドリーなコミュニティ」には、「相談」および「実用的」な機能が必要とされる。

4-2-5. ペット友人との関係について

「ペット友人」との関係については、関係の機能という点では、フィッシャーによる「親交」の機能とも見ることができる。再び松本の論に従い、関係が引き出される社会的文脈の観点から考えることとする(松本 2014: 86-96)。フィッシャーはネットワークの社会的文脈を、「親類」「仕事仲間」「隣人」「同じ組織の成員」「その他」「純粋な友人」にカテゴリー化している(Fischer 1982=2002: 70-2)。この類型に従えば「ペット友人」は「純粋な友人」に位置づけられるだろう。こうした「ペット友人」との出会いの場として、「公園・空間」は存在している。このような「純粋な友人」とのネットワーク形成の契機は、「サード・プレイス」とも、「下位文化」による結合とも考えられる。オルデンバーグは「サード・プレイス」を「インフォーマルな公共生活の中核的環境」と定義している(Oldenburg 1989=2013: 59)。「ペット友人」はネットワークの社会的文脈での「純粋な友人」である。出会いの場としての「公園・空間」は、ペット飼育という下位文化が臨界量を達成した場である。この場は「サード・プレイス」の持つ「偶然と非公式の要素が色濃くある」場(Oldenburg 1989=2013: 454)である。また、「ペット友人」との出会いの場としての「公園・空間」は、フィシャーのいう「彼らの関係を引き出す貯水池」(Fischer 1982=2002: 25)となっている。フィッシャーは、都市度が時間、移動性、高収入など資源に恵まれた住民に、「純粋な友人」をわずかに増加させると結論付ける(Fischer 1982=2002: 174)。本研究では、高学歴で高収入な回答者を対象としている。フィッシャーのいう「時間、移動性、高収入など資源に恵まれた住民」ではない住民を調査対象としえなかったことから、正確な比較は不可能であるが、「純粋な友人」としての「ペット友人」との関係を、「下位文化による」または「サード・プレイス」としての、「公園・空間」下敷きとして示した。

4-2-6. 散歩について

散布頻度については「1日数回」が最も多く、散歩時間は「30分未満」「30～60分」が最も多かった。人間にとっては、バリエーションある散歩コースが魅力的であるが、飼い犬にとっては同一のコースでも問題はない。このような散歩ニーズに対して、選択肢を提供することは、飼い犬にとって排便の機会となり、ストレスを発散し吠えなくなるために、飼い主にとっても大いにメリットがある。また「ペットフレンドリーなコミュニティ」としては、異なる犬種の飼い犬どうしのトラブルを避けるために、大型犬・中型犬・小型犬専用に設定された散歩コースを設置することが求められる。このことは必然的にサイドウォークの特性に考慮したものとならざるを得ない。ロウカイトウー・サイダーリスのいうように、「都市の非常に活動的な器官」であるサイドウォーク維持のためには、通行人に脅威や不快を与えることのないように、配慮されなくてはならない（Loukaitou-Sideris 2012）。散歩における課題は、飼い主だけに開かれた「公園・空間」をこえて、コミュニティ全体の問題となりうる。

4-2-7. 日本におけるペットフレンドリーなコミュニティ——不動産仲介業者からの聞き取りから(注)

「ペットフレンドリーなコミュニティ」に先立って、賃貸住宅におけるペット共生可について、不動産仲介業者からの聞き取りにもとづいて、賃貸住宅市場実態の変容を示す。

20年以前は賃貸住宅において、ペットは室内不可が前提であった。20年前ごろからペット可に転じた。この転換には大家側の考え方の変化による、脱「上から目線」が影響している。1998年検索エンジンを利用して、ペット可を望む顧客が新たに掘り起こされた。月当たり600件の問い合わせがあった。背景として、親の家から独立した後もペットと暮らしたいという、顧客が多くいたことがある。この顧客層は女性が圧倒的に多かった。「戸建に住んでいて、3、40年と飼育歴が長く、新たに賃貸を探す」女性の顧客化である。20年前、小型犬「ミニチュア・ダックスフント」がブームとなり、顧客が増加しても、ペット可の物件がない。広く探しても、ペット可の物件は「老朽化」「駅から遠い」などひどい物件ばかりであった。案内しても、顧客は「これはひどい」という反応であった。時間が経つにつれて、少しずつグレードがアップしてきた。ペット可の物件供給を増やすために、賃貸仲介業者として大家を説得し始めた。大型犬を飼いたいという顧客はほとんどいない、当時は猫が多かった。大家から見れば、空き部屋をうめるためにペット可に向かいはじめた。

理想としては一棟全員が飼い主という方が良い。少なくともペット嫌いではないことが必要だ。ペット可の物件は現在でも少ない。大手住宅メーカーにより建設された物件では、7、8戸程度の集合住宅、大型住宅は考えられない。地主にペット可のアイデアを提案して、建設に向かわせる。デザインや床材の工夫をホームページ上に示している。さらに大事なことは運営システムなので、入居に先立って面接と飼い犬のチェックを行い、ルールを確認している。日本ではペットに関して、法的な不備が大きい。ペット飼育の歴史が長いドイツでは犬税がある。

具体的な賃貸物件は、2人家族が中心で、家賃は12万円が最も多い。共稼ぎの普通の夫婦が中心的な顧客である。大体4, 5年で転出する。仲介業者にとっては回転が速いよりも、新たにうまらないことが多いので、長く住んでもらった方が良い。最近は猫が増え、猫3対犬7となっている。多頭飼いが増えている。

全員が新たに入居した新規物件では、顔合わせの会を行い、飼い主の友人作りを促進し、勉強会を開いている。賃貸だと隣人を知らないが、ペットを介してつながり、周囲に関心を持ち、お互いのコミュニケーションのきっかけとしている。

ペットフレンドリーなコミュニティとしての、ペットを介した強いコミュニティを作ろうと模索していることがわかる。

4-2-8. 「ペットフレンドリーなコミュニティ」としての自治体について

「ペットフレンドリーなコミュニティ」を具体化するためには、「特区構想」的なあり方が必要であると考える。具体的には飼い犬対象の医療共済保険や、猫をなどにはすでに導入されている避妊手術の公的負担、飼い犬の交通事故を防ぐための道路交通法の特例事項にはじまり、公共機関オフィスなどのペットフレンドリー化、ペットにかかわる税控除、アウトリーチ方式によるペット医療およびホームドクター指定、山田昌弘が事例としてあげた、ペットによる遺産相続(山田昌弘 2007) など、これまでのコミュニティでは想定しえなかったアメニティである。カリフォルニア州のデービスは、自転車都市として住民引きつけている。「ペットフレンドリーなコミュニティ」が飼い犬を中心として、ペットと共生できる街を提案する意義は大きいと考える。そこでは下位文化による結合が、「相談」「親交」「実用的」のいずれにも収斂しえない、住民の「ペットフレンドリーなコミュニティにおけるシビリティ」が想定されるだろう。

注　ここでの内容は、2012年2月に実施した賃貸住宅管理会社「株式会社イチイ」荻野政男氏・「アドバンスネット」二俣和久氏からの聞き取り内容による。

5　ドッグパークのベンチに腰掛けて

5-1　ドッグパークでの使用ルールと掲示コンテンツ

2013調査を行ったサンフランシスコのアラモスクエアパークおよびブルックリンのフォートグリーンパーク、および2014調査を行った、ブルックリンのヒルサイドドッグパークおよびピア6ドッグラン、フォートグリーンパーク、ノースバークレイのオーロンドッグパークでの利用ルール他について、それぞれのホームページに記された詳細を記し、東京都篠崎公園ドッグランとの比較を試みる。

5-1-1.　ヒルサイドドッグパークの事例

ヒルサイドバークはニューヨーク州ブルックリン、マンハッタンにつながるブルックリンブリッジとブルックリンブリッジパーク近くに位置している。南側にはクラークストリート駅から連なる住宅街がある。この公園は1946年と1947年に隣接する自動車専用道路建設計画によって用地を獲得された。その後道路建設に対して不要となり、公園に転用された。もともとは先住民の居

Map data©2014 Google

住地であり、1630年代にオランダ人が移り住み、1820年代まで彼らが住んでいた場所であった。周囲に大きな発展はなく、レンガ造りの住宅が並んでいる（The City of New York）。以下はヒルサイドパークの利用ルールである。

犬用リード不要のドッグパークルール
・リスクは飼い主が負うこと。
・12歳以下の子どもは大人による監視が必要である。
・飼い主による監視なしに、犬を解放してはいけない。
・攻撃的な犬やマナーが身についていない犬は、リードをつけるか退場させること。
・犬が争いに巻き込まれたら、どちらが仕掛けたかに拘わらず、すぐに公園から離れること。
・飼い主は常に飼い犬に対する、監督責任を持つ。
・1人の飼い主につき3頭までとする。
・医療対象状態の犬は立ち入ることができない。
・排泄物は片づけること、他者から排泄を知らされたら感謝して、ただちに片づけること。
・飼い主自身も公園を汚さないように心掛け、ゴミを残してはならない。犬の毛づくろいをした場合には、毛を捨てること。
・飼い犬が掘った穴は、埋め戻すこと。
・生理中の雌犬は立ち入ってはならない。
・尖ったまたは針状の首輪は公園内でつけてはいけない。これらは他の犬を傷つけることがある。
・公園内で犬を自由に走らせる場合は、リードを外すこと、つけたままの場合、周りの犬や人が危険である。

・予防接種をした犬だけが公園に入ることができる。登録証ははっきりと見えなくてはならない。

・仔犬は一連の予防接種を終えるまで、公園に入ることはできない。生後4か月以下の仔犬を立ち入らせてはならない。

・公園では餌やオモチャに対して注意しつつ運動させること。

この注意書きはニューヨーク市公園・レクリエーション担当名により掲示されている。

5-1-2. ピア6ドッグランの事例

ブルックリンブリッジパークは、ブルックリンからマンハッタンにつながるブルックリンブリッジのたもとにある。ブルックリンブリッジパーク・コーポレーションは非営利団体として、85エーカー(34万㎡)の同公園の計画設計・建設・メインテナンス・運営を行っている。同団体は世界最大級のレクリエーショナルで、環境に配慮した文化的な目標を有する公園の創造を目的としている。同団体は総合計画に記された範囲内で、所有地の活用による自己資金によって運営されている。ピアー6ドッグランは、ブルックリンブリッジパークの南端に位置している（The City of New York）。以下はピアー6ドッグランの使用ルールである。

Map data©2014 Google

ドッグランルール

- ドッグランを除く、ブルックリンブリッジパークにおいては、いつでもリードをつけなくてはならない。
- ニューヨーク市法は特に定めた場所を除き、6フィート（182㎝）より短いリードを付けることを求める。
- 飼い主はいつでも飼い犬をコントロールしていなければならない。
- 犬の排泄物は片づけること。・プレイグラウンドや芝生、運動エリアに犬を入れてはならない。
- 往来の障害となる穴を掘ってはいけない。
- 野生動物の生息地を守るため、公園内通路ではリードをしなくてはならない。

5-1-3.　オーロンドッグパークの事例

カリフォルニア州バークレイ市ノースバークレイにある、オーロンパークは世界最古のドッグパークとして、1960年代郊外電車バートの地下建設に際して開かれた。当初の地域発展計画は、活動家による占拠により覆された。1979年周辺住民グループが「犬のための公園」と宣言した。実験的なドックパークは1983年公式にはじまり、非営利オーロンドッグパーク協会（ODPA）は、公園のメインテナンスのため結成された。同協会によれば、郊外と農村では伝統的にペットを飼う人口が存在した。1970年代から都市的環境においては、ペット人口が増えたという。こうしたことと過去15年の都市化が結びつき、以前は郊外と農村と考えられた場所が都市に組み込まれ、「アーバンアニマル化」(urban-animalization) という現象が起こったと同協会は論じている (Ohlone Dog Park Association 2007)。この立場では、第1に動物が都市社会における「クオリティオブライフ」の一側面であり、今後もあり続けるという認識が立ち上がる。第2に都市社会における「クオリティオブライフ」の観点では、開発がそこに住む動物繁殖計画に配慮したものでなくてはならないと考えている。このようにオーロンドッグパーク協会

は、都市社会における「クオリティオブライフ」としての動物という視点を強く持ち、その実現を目指している。以下は同公園の使用ルールである。

利用時間　平日　朝6時から夜10時、静粛を守る時間として、朝6時から8時までと、午後8時から夜10時まで　利用時間のはじめと終わりのそれぞれ2時間は騒音を出さない時間としている。週末　朝9時から夜10時　午後8時から夜10時までを静粛を守る時間としている。

利用者は上記の静粛を守る時間を厳守しなくてはならない。その間一度でも犬が吠えた場合は、飼い主はただちに、公園から連れ出すことを含む、犬を静かにさせる手段を取らなくてはならない。

使用ルール

・近隣への配慮
・吠え声のコントロールと制止
・常に犬に注意を払う
・攻撃的な犬や生理中の犬は立ち入らせないこと
・登録犬のみ立ち入り可能
・飼い主１人につき４頭までとする。
・自転車、スケートボード、スケート利用は禁止
・排泄物の処理
・飼い主自身も静粛を保つこと
・犬の騒音についてコントロールすること　すべての犬による動物に対する噛みつきは、関係するセクションに報告す

ること　この注意書きはバークレイ市条例による。

5-1-4. オーロンパーク Re-design について

オーロンパークでは、犬の吠え声による騒音問題を契機として、再デザイン計画をめぐる動きがすすんでいる。計画は現在のデザインを二等分して、下半分を ”Dog bone plaza” とする案と、北東隅に新たな ”Quiet dog”area を作り、残りの大部分を ”Active dog” 向けとする案が検討され、会議が継続的に行われている(注1)。

5-1-5.　アラモスクエアパークの事例

Map data©2014 Google

アラモスクエアパークはサンフランシスコ中心部を見渡す丘の上にある。アメリカでの人気テレビドラマ舞台としても知られている。公園には樹木やベンチ、子ども用遊び場などがある。リード不要ドッグプレイエリアは公園の南側に位置している。この公園では子どもと犬が自由に遊ぶことが可能である。以下はサンフランシスコ保健コードに規定され、リード不要ドッグエリア利用にかかわるルールである。ルールとして、該当する部分を保健コードから引用されている。

- 保健コード40節は犬が迷惑行為にかかわることのないように、管理されなくてはならないことを定める。犬の糞はすべて取り除かれなくてはならない。また犬に散歩させるすべて人は糞を取り除く道具を携行しなくしてはならない。
- 41節12項　すべての犬はリードまたはつなぎ綱をつけなくてはならない。犬の飼い主は常に付き添わなくてはならない。条例では犬が吠えはじめた状況も違反と見なしている。
- 15項　登録証要件－生後4ヶ月以上の犬は登録証を得なければならない。

・18項　生後4ヶ月以上の犬は狂犬病予防注射を受けなくてはならない。

・41節5項1　犬の噛みつき－危険な犬への罰金と罰則に関する情報とその定義がコードに含まれている。

・42節1項　闘犬訓練は禁止されている。

5-1-6.　フォートグリーンパークの事例

Map data©2014 Google

フォートグリーンパークは要塞（Fort）として、アメリカ独立戦争のために作られた。1812年の米英戦争においては、周囲のコミュニティが戦後の迫害からしばらく逃れるための公共空間として利用され始めた。1847年にはブルックリンでは最初の設計された公園となった。20年後オームステッドらによって新たなプランが検討された。1897年にはワシントンパークという以前の名前から、現在の名前にかわった。100年後、初期のアメリカ独立のための空間から、近隣住民のための改良が行われた (The City of New York)。ニューヨークにおける公園での犬の放し飼いについては、ニューヨーク市により以下のように定められている。

”Dogs in Parks A Guide”

公園での犬の放し飼いのルールについて、ニューヨーク市の事例をNew York City公園・レクリエーション局による”Dogs in Parks A Guide”を参照し示す。犬を遊ばせる飼い主には、狂犬病の予防注射証明と飼育ライセンスが求められる。公園にてリードから解放してよい時間は、開園から午前9時までと午後9時から閉園までとなっている。

ルールの概要

以下に上記のパンフレットから主なルールを示す。

1. 公園と他者への尊重　飼い犬が利用者の脅威になりうることから、犬から目を離さず、犬の挙動に注意を払う。向こうから誘われない限り他の犬や人々に、走り寄り飛び乗ってはいけない。犬用ではない公園の水飲み場で、水を飲ませてはいけない。草地を大事にし、激しい運動は硬い土の場所や傷んだ芝生、その他定められた場所させること。長く歩かせ、運動量を増し、ランドスケープに対するダメージを減らす。雨天下や雨天後は、表土が晴天の20倍修復されないので、草地に入らないこと。

2. ルールや規制の順守　特に定めた場所と時間以外は、6フィート（182㎝）以下のリードを常につけなくてはならない。飼い犬の排泄物は必ず拾い、公園内に設置された容器に処理しなければならない。尿は草や樹木にダメージを与えること、公園内にはピクニックや日光浴をする利用者がいることを忘れないこと。飼い犬が鳥やリスや他の動物を追いかけないようにしなくてはならない。

3. 狂犬病予防注射と飼い犬登録　ニューヨーク州法では、狂犬病予防注射を求め、ニューヨーク市保健コードではすべての飼い主などに、公共空間での有効な登録証と予防注射証明書の携行を求めている。従わない場合には飼い主に罰金が科される。

4. 安全ために　犬から目を離してはいけない。ベンチや柵や簡易な支柱に犬をつないではいけない。路上では常にリードをつなぐ。攻撃的や野良犬からは常にリードにつなぎ距離を保つ。闘い合う犬の間には入らず、水をかけたり毛布を投げたり大きな音を出す。犬泥棒から守るために、マイクロチップIDや刺青による証明を検討すること。迷い犬については「311」に電話すること。飼い主は、よい飼い主意識と礼儀正しさをもって、自分自身と飼い犬に常に開かれている公園を、きれいで安全で美しい場所に保つことができる役割を担っている。

5. その他　犬は子ども遊び場、動物園、プール、浴場、海水浴場、噴水、野球場、バスケットコート、ハンドボールコート、テニスコートに入れることはできない。

6. ドッグランについて　ドッグランは広く、フェンスに囲まれた空間であり、飼い犬をリードから解放して運動させる場所である。ドッグランは公園局のランドスケープ設計家とボランティアにより作られ、排水設備が設置され、安全のための照明施設、健康的な植生により遊びを促進する。

7. ドッグランのルール　他者に対して礼儀正しく尊重をすること。いかなる時でも犬の排泄物を拾い、場内をきれいに保つこと。1人の飼い主につき3頭までの入場を上限とする。常に犬を監視し管理し離れないこと。発情中の犬を入れないこと、去勢されていない雄犬について、よく監視をすること。角や口輪、鋲つき首輪を着けてはいけない。

飼い犬が闘いに巻き込まれたら、必ず関わる犬が落ち着くまで場内から離れなくてはならない。場内は危険となることがあるので、子どもを連れて入る場合は、そのリスクを引き受けなくてはならない。10歳以下の子どもは、大人と一緒でなければならない。飼い犬は登録され狂犬病予防注射を受けていなくてはならない。飼い犬が伝染病の場合は利用しないこと。食品を場内に持ち込むときは、注意と判断をすること。ビンを持ち込むことはできない。もし飼い犬が穴を掘ったら、元に戻すこと。

5-1-7. 東京都篠崎公園ドッグラン利用規約について

ヒルサイドドッグパーク、ピア6ドッグラン、およびオーロンドッグパークとの違いは、利用にあたっての事前登録が必要な点である。篠崎公園は大型犬と小型犬が利用できる空間を区切っている。

1. 利用にあたっては登録が必要、未登録者は利用できない。
2. 常に飼い主の命令が聞ける犬以外は、リードを離してはいけない。
3. リードを離した場合は、犬から目を放さないこと。
4. 一人の飼い主が同時に放せる頭数は、常に制御可能な頭数とすること。
5. 発情期の雌犬および病気の犬は利用できない。
6. 闘犬類など他の利用者に恐怖感を与える訓練をした犬は利用できない。
7. 中学生以下の利用は、保護者の同伴が必要、ベビーカーは入場できない。

8. 犬を放したままで、飼い主が外に出ないこと。

9. 餌や食品の持ち込みは不可、犬を連れていない者は利用できない、飲食、喫煙はできない。

10. 糞やその他の排泄物は持ち帰ること。

11. 訓練士等による営利活動はできない。

12. 運動道具の設置はできない。

13. (省略　駐車場所について)

14. トラブルや事故は当事者間で解決すること、東京都・指定管理者は責任を負わない。

15. 施設内ではボランティアの指示に従うこと。※一部表記を変えた。

それぞれの内容を比べると、同一の規定も多くある。しかしながら篠崎公園での事前登録はその他と大いに異なる。事前登録では、飼い主の氏名住所連絡先の他、犬種・犬齢などを所定書式に記入し、犬鑑札と狂犬病予防注射済票が必要となる。日本は1957年以来、犬の狂犬病の発生はない(注2)。アメリカではまだ狂犬病が発生していることを考えると、両者には大きな違いがみられる。オーロンドッグパークの場合は、特に近隣コミュニティとの犬の騒音問題が、課題となっているため騒音に関する規定が細か

くなっている。この点ではそれぞれの施設が、「ペットフレンドリーなコミュニティ」構築のために、想定される具体的な問題を規定している。

注1　リノベーション計画は2015年末に決定された。

注2　東京都福祉保健局健康安全部環境保健衛生課「登録　狂犬病予防注射」チラシによる。

6　アメリカ調査でのフィールドノートから

6-1　2013年9月1日～14日　アメリカ調査フィールドノート（抄）

※筆者によるフィールドノートに、「参加学生によるレポート集での記述」を一部修正の上追記した。

2013年9月1日　日曜　晴れ　調査地下見　アラモスクエアパーク

バスにて調査地へ下見に向かった。途中治安が悪いと言われる地域を通ると、学生は慣れないせいか顔を見合わせている。しばらく進み目的地にてバスを降りた。アラモスクエアパークは見晴らしがよく、実に気分のいい公園である。今日は下見だけをして、昼前に繁華街に戻った。学生たちは夕食を共にした友人夫婦に、英語での質問の切り出し方や、信用してもらえるようにはどうすれば良いかと尋ねていた。まず名乗ること、緊張せず笑顔でとアドバイスされていたが、明日からの調査での不安は取り去ることができない様子だった。夕刻ホテルに戻りそれぞれに休む。

※学生による記述

・調査でのヒントをもらえないかと聞いたところ、その人とよく話すことが重要だと言われた。次に明るく説明もしっかりと言われた。短い時間に信用を得なければならないと言われました。

9月2日　祝日　晴れ　調査1回目　アラモスクエアパーク

8時30分アラモスクエアパークにて調査を開始した。皆一様に戸惑いがちである。一歩が、一言が出る学生、出ない学生、不安丸出しでそのことが功を奏している学生とさまざまである。不安な学生には二人でお願いしてみたらとアドバイスした。効果はあったようだった。英文の調査説明書を読み、「唾液集めだって」と爆笑しているご婦人あり、こちらは少し複雑な心境だが、調査票自体が話の「きっかけ」になっている。

9時20分、調査に協力してくれた方の「犬連れが多く、親切な方ばかりよ」というアドバイスに従い、近くにあるジェファーソンスクエアに移動することにした。9時30分 Fillmore St. Cafe にて休憩する。ジェファーソンスクエアに行ってみて人が少なくあきらめた。

休憩後、10時30分再びアラモスクエアパークにてサンプ

ルを取り始める。少し暖かくなった。ビクトリアハウスが良く見える場所なので、観光客も多くなってきた。目にする限りは、皆楽しく前向きにやっている。しかしながら学生間での適応の差が大きい。12時ごろまでそのまま調査を続けた。その後21番バスでダウンタウンへ戻る。午前の合計27サンプルである。チャイナタウンを向かい、飲茶ランチをご苦労様とご馳走した。14時5分ダボスパークにて再開する。しかしそこまでが限界で、その後は学生から「もう終わりにしましょう」と声があり終わりになった。合計で17票と唾液40サンプルを集めた。

※学生による記述

・調査を始めてすぐは協力してくれるひともいない、話しかけても逃げられるという繰り返しでした。10人ぐらいいろいろな方に話しかけて、やっとのことでアフリカ系の方から協力してもらえることができました。

質問紙の最後にGood luckと書いてくれてうれしかったです。

その後調査を再開しましたがなかなか大変でした。話しかけても "Sorry I am busy" と言われたり、説明文を読んでいい感触で協力してもらえるかもと期待していたら、「ごめんなさい」ということでした。

前日にアドバイスされた事を意識しながら、サンプル集めをしていると、午前中よりは人のあたりが優しくなったのに驚きました。飼っている犬の話やサンフランシスコの事や身の上の話をしてくれて、すごく楽しかったです。

・お願いするのはすごく緊張しました。最初に出会ったご夫婦がとてもいい方で、快く調査を引き受けてくれました。その後は緊張が少しずつなくなり、断られもしましたが5票を取ることができました。調査をしていて気づいたことは、サンフランシスコにはゲイの方が結構いること、肌の色とか関係なく飼い主同士、みんなで楽しくコミュニケーションをとっているという場面が多くあったことです。

・初めて声をかけてみました。その人は30歳ぐらいの男の人で、優しい英語で話しかけてくれたのですが、だめでした。その後もなかなか声をかけられなかったのですが、仲間と協力して3票を集めることができました。英語もだんだん通じるようになり、少しですが話せるようになったと思います。

・日本語でもしたことがないのに、英語でインタビューしてさらにサンプルをとるなんて、できるのかすごく心配だった。私が誰に声をかけていいんだろうと、いろいろ考えてうろうろしていると、早くも向こうの方でサンプルをとっていた。みんなが次々にとっているのに、声すらかけられない私は内心すごく焦っていた。先生に相談しに行くと、「一番初めの声掛けが一番大変なんだよ、一回成功しちゃえば大丈夫」とラフな感じな答えが返ってきた。「それができないから、困っているんじゃん」と思ったが、とりあえず一か八かで、目の前にいた夫婦に声をかけた。緊張して声がすごくふるえていて、口が全然まわっていなかった。旦那さんが強面な人だったので心配だったが、質問紙にひと通り目を通した奥さんは ”Sure!” と言って快く引き受けてくれた。今まで悩んでいたことが一気に吹っ飛んだ瞬間だった。質問紙に記入している奥さんと、日本のどこから来たの、大学でどんな勉強しているのと質問する旦那さん、とってもいい夫婦ですごく嬉しくなった。犬の唾液をとるとき、犬はすごくおとなしくしていた。日本と違って躾をちゃんとしているなと感じた。

調査をしているみんなとすれ違いざま、あそこのおばちゃんはダメだったとか、あの人からはとったとか、ゲイの人はよくこたえてくれる、カップルとか夫婦は案外協力してくけるとか、そんな話をしたのが結構面白かった。

中国系の人は大学の研究室に勤務していて「サンプルとるのは大変だよね、わかる、わかる」とすぐ OK してくれた。

「どんな研究をしているの」とか、いろいろと話が弾んでとても楽しい調査だった。

9月7日　土曜　晴れ　調査2回目　フォートグリーンパーク

5日にサンフランシスコからの夜行便で、ニューヨークに到着した。2日間研修プログラムを過ごし、マンハッタンに移動した。早朝、外は少し寒い、今日は30ケース頑張ろうと志気が高いように見える。DeKalb av. と Nevins St. を探す。途中、婦人警官に目指す公園の方角を聞くと地理に不案内なのか、反対方向を指し示していた。迷いながらフォートグリーンパークに到着した。塔の建つ付近にて調査を始め、犬を放し飼いにしている下の方に移動した。サンフランシスコよりも取りやすかった。天気や心地よさという条件の違いもあるのかもしれない。

今日は目標の30サンプルを集めることができた。この公園ではリードなし可の時間が休日の9時までなので、それを過ぎると急激に人が減ってしまった。

※学生による記述

・この日は意気込んで開始したが、最初の一人に声をかける

まで少し時間がかかってしまった。だが結果は上々、結構な数をとることができた。

・いっぱい断られましたが、相変わらずのカタコト英語にもかかわらず、協力してくれた方が4人もいてすごく嬉しかったです。最後に調査した方は、日本を何回か訪れたことがある方で、大学のある相模原の場所も知っていました。とっても優しくてイケメンなおじさんでした。

・ニューヨークの印象としてはサンフランシスコに比べて、人があんまりのんびりしていないこと、色々な種類の犬がいた。躾がちゃんとしていたイメージがある。一番初めに協力してくれた女の人には、はじめは怪しいと思われていた感じだったけど、快く引き受けてくれた。説明をしているうちに調査に興味が出てきたようで、いろいろ質問してくれた。「明日も来るから、私の友達にも聞いてみるね」と別れ際に嬉しい言葉をくれた。翌日、本当に犬仲間に話してくれ、その人の仲間からたくさんのサンプルをとることができた。人がやっているのを見たらみんなやりたくなるみたい。協力してくれる人は質問数が多くても少なくても協力してくれるのだなぁと思った。人の優しさに触れた調査ですごくためになった。

9月8日　日曜　晴れ　調査3回目　フォートグリーンパーク

7時集合だが、数名35分遅刻。起きたら7時だったと言う。昨日のように迷わなければ、これくらいの遅れは取り戻せるよと言葉をかけた。外は曇りだが、76°F(23℃) である。7時55分地下鉄2トレインにて出発し、Nenvis St. 駅に着いた。8時30分調査開始、1時間を目標に頑張ることとした。なんとなく調査に手慣れた感じになった。

終了後、9時50分 Nenvis St. にて解散した。2013調査はこの日で終わりである。学生にストレスなく調査に向かって

もらうように、動機づけることはなかなか難しい。

※学生による記述

- 今日は冴えていた、これまでで一番取れた気がする。まだぎこちなさがあったが、流れをつかんでスムースにこなすことができた。
- 昨日と同様に集団に話しかける方法で行いました。だいぶ英語が通じるようになり、会話ができるようになりました。

6-2　2014年8月28日～9月9日　アメリカ調査フィールドノート（抄）

8月30日　土曜　晴れ　調査1回目　ヒルサイドパーク

2日前ニューヨークに到着した。今回は調査を行う学生は3名である。動機づけも前回とは異なるものになるのだろう。朝食後8時出発、79°F(24℃) だが雨は降らないという。Atlantic Barclay 駅へ歩いて向かう。2トレインにて Clark st. 駅に到着した。調査をはじめた。10時になり人がいなくなった。聞いた話では昼過ぎから人が増えると言う。協力と拒否が半々ぐらいか。11時45分を過ぎて人が入れ替わった。小さい公園だが犬づれは途切れない。本日合計8票であった。11時50分ブルックリンブリッジパークにて、12時30分 Hight st. 駅から C トレインにて Fulton mall へ向かった。皆終わってホッとしている。初日としては良いと思う。ヒル

サイドパークの目の前には、宗教法人の巨大本部があり、地下鉄からもよく見える。

※学生による記述

・犬の躾の度合いが日本の公園にいる犬よりも明らかに高いと思いました。人に対して無駄吠えすることはないですし、飼い主が呼べば走って戻ってくることが、当たり前のようにどの犬もできていました。

　どの飼い主もちゃんと犬の糞処理用のビニール袋を必ず持っていて、糞をするとすぐにそこへ行き袋でとり、入り口にあるゴミ箱に捨てることが当たり前の様でした。

・やはり調査を開始して、すぐには緊張して声をかけられませんでした。しばらくしたら私だけになったので、勇気を出しました。そしたら意外と快く引き受けてくれて緊張が解けました。

・張り切っていたのですが、思いのほか人と犬がいない。最初の１人、２人には断られ、意気込みはどこへ行ったのか、すっかり怖気づいてしまいました。そうもしていられないので、頑張って話しかけるとようやく OK が、その後声をかけ続け、何人かの協力を得ることができました。

8月31日　日曜　晴れ　調査2回目　ピア6ドッグラン

今日はピア6ドッグランにて調査を行う。8時20分 Union st. 駅より R トレインにて向かう。休日予定工事のため R トレインは別ルートなっている。往路を変えて4トレインにて Hoyt st. 駅へ向かう。連休中で人が少ない。休日のけだるさが漂っている。ピア6ドッグランへ、9時20分調査を始める。続々と票が取れて、彼らも意気揚々としている。こういう時は何もすることがなくなってしまう。円形の空間で隠れる場所がない。調査がやり難いようにも思えたが、予想とは異なった。60代の女性から「犬とキスをしますか」と質問してはどうかとアドバイスをもらった。しばらくすると一気に人がいなくなり、我々だけになってしまった。ドッグランに犬を連れていないで座っていると、実に不自然である。その後犬を連れてきた人もいたが、我々だけしかいないので帰ってしまった。11時になって一休みにする。ジュースを買ってきてねぎらう。これで今日は終わり、6票であった。2日間で14票である。

※学生による記述

・今までの調査では「友人の犬だから」と断られたことは幾度もあったのですが、今回は「(有償サービスの) ドックウォーカーなのでわからない」と言われたことがありました。

・人が2,3人しかいなかったので、あまり集まらないかもと言っていましたが、話しかけると案外引き受けてくれる方

が多く、思ったよりサンプルが集まりました。

9月1日　祝日　晴れ　調査3回目　フォートグリーンパークとヒルサイドパーク

今日はニューヨーク調査の最終日、10票は取りたいものだ、2か所で行う。8時出発、学生は明るく前向きな感じである。8時48分調査開始となる。フォートグリーンパークは調査がやりやすい、広いから匿名的にふるまえるからであろうか。空間、目立ち度、匿名性であろうか。フォートグリーンパークは去年とは異なり、9時半になると潮が引くように静かになった。連休中だからか。帰る人が多かったがそれでも犬づれは点在している。犬づれで子づれは少ない。子づれは夫婦一方が仕方なく散歩に連れてきたというところか。ここでは6票取った。

10時40分に2トレインにてClark st.駅へ、ヒルサイドパークに着いた。

ヒルサイドパークに移動し11時から続ける。明らかに狭い空間であり、昨日回答してもらった親子もいる。ここは犬

同士の触れ合いがあまりない。学生たちの足も調査意欲もなえてしまった。12時20分、今日はこれで終わり。合計22票になった。

※学生による記述

・雑談している集団に声をかけたら、一人の女性が別の女性を紹介してくれて、そのうえ調査の内容を説明してくれたのです。

　調査に協力してくれた多くの方から言われた "Good Luck your research" という言葉は非常にありがたかったです。

・ここではほとんど「自分の犬じゃないから」「もう帰るから」と断られ、全然とれませんでした。やっと応じてくれた方が日本人の方で、アメリカの地下鉄の話で盛り上がりました。

9月5日　金曜　曇り　調査地下見　オーロンパーク

3日に午後便でニューヨークから、サンフランシスコへ移動した。サンフランシスコでは滞在4日目である。10時20分オークランドのホテルから、郊外電車BARTにてオー

ロンパークへ向かう。ゲートは施錠されているのかと思ったが、夜間のための施錠であった。全米トップ10のドッグパークであると銘鈑にある。1時間ほど下見をして様子を見て、犬を離している飼い主と話した。

9月6日　土曜　晴れ　調査4回目　オーロンパーク

8時出発し、9時38分BartにてNorth Berkeley駅に着き、オーロンパークに向かう。往路朝食のためにカフェで食事に、予想以上に時間がかかってしまった。イライラしている様子が学生にも伝わったのが明らかで、これはまずいなと反省した。

10時20分からオーロンパークにて調査を開始した。学生が調査協力者と話していて、説明が必要で呼ばれたことは、これまで1,2度しかなかった。恥ずかしいスペルミスを指摘されたことがあった。「匿名をもっとデカデカとした方が良い」とも言われた。一度協力を断った協力者がほかの協力者から、「匿名だとわかったので協力する」と、寄ってきてくれたこともあった。逆に「自分はペットシッターだから」と断られたことが今回は目立った。連休中であったからであろう。今日は合計7票だった。12時終了した。

※学生による記述

・うまくいきませんでしたが、ここでも見ず知らずのおばちゃんが、自分のサンプルをとり終った後に、近くの人に話してくれました。とてもうれしかったですし、感謝しきれないです。この日はこの調査に興味を持った方からも協力を得ました。

・ここの人は優しい人ばかりで、快く引き受けてくれました。

9月7日　日曜　晴れ　調査5回目　オーロンパーク

North Berkeley にて調査最終回となる。暑くもなく寒く

もなく気分の良い朝の時間である。オーロンパークは全米最古のドッグパークであると言われ、地域住民にとって親しまれている。去年は合計41票だった。今年は昨日まで29票だったから去年以上の勢いである。結局合計33票になった。事故やトラブルなく終えたことがとてもうれしく思えた。

※学生による記述

・この日も前日と同じ場所で調査しました。やはり来ていた人は、だいたいが前日もいた人で、お願いしても「昨日やったよ」と言われてしまいました。

引用文献・参考文献

Beck, Alan and Aaron Katcher et al., 1983, *New Perspectives on Our Lives with Companion Animal,* Philadelphia: The University of Pennsylvania.（= コンパニオン・アニマル研究会訳，1994，『コンパニオン・アニマル——人と動物のきずなを求めて』誠信書房.）

————, 1996, *Between Pets and People: The Importance of Animal Companionship,* West Lafayette: Purdue Press. (=横山章光監訳，2002，『あなたがペットと生きる理由——人と動物の共生の科学』ペットライフ社．)

Berkman, Lisa, F., and Ichiro Kawachi eds., 2000, *Social Epidemiology,* New York: Oxford University Press.

Burawoy, Michael, Alice Borton, Arnett Ann Ferguson, Kathryn J. Fox, Joshua Gamson, Nadine Gartrell, Leslie Hurst, Charles Kurzman, Leslie Salzinger, Josepha Schiffman and Shiori Ui, 1991, *Ethnography Unbound: Power and Resistance in the Modern Metropolis,* Berkeley: University of California Press.

Denzin, Norman, K. and Yvonna S. Lincoln, 2000, *Handbook of Qualitative Research Second Edition,* Sage Publication.（=2008，平山満義監訳・岡野一郎・古賀正義編訳『質的調査ハンドブック　1巻－－質的研究のパラダイムと眺望』北大路書房.）

Duneier, Michell,1999, *Side Walk,* New York: Farrar, Strauss and Giroux.

Fischer, Claude, S., 1975, "Toward a Subcultural Theory of Urbanism", *American Journal of Sociology* 80: 1319-41. (=1983，奥田道大・広田康生編訳『都市の理論のために——現代都市社会学の再検討』多賀出版．)

————, 1982, *To Dwell among Friends,* Chicago: The University of Chicago Press.（=2002，松本康・前田尚子訳『友人のあいだで暮らす』未来社.）

福富和夫・橋本修二，2002，『保健統計・疫学』南山堂.

Fogle, Bruce, 1984, *Pets and their People,* Viking press. (= 小暮規夫監訳・澤光代訳, 1992,『新ペット家族論——ヒトと動物の絆』ペットライフ社.）

———, 1987, *Games Pets Play,* London: Marsh & Sheil Associates. (=1995, 加藤由子監訳・山崎恵子訳『ペットの気持ちがわかる本——ヒトとペットの心理ゲーム』ペットライフ社.)

Haraway, Donna J., 2008, *When Species Meet,* Minnesota: University of Minnesota Press. (= 2013, 高橋さきの訳『犬と人がで会うとき——異種協働のポリティクス』青土社.)

林良博・近藤誠司・高槻成紀, 2002,『ヒトと動物—野生動物・家畜・ペットを考える』朔北社.

井本史夫, 2001,『集合住宅でペットと暮らしたい』集英社.

柿沼美紀・和田潤子・榊原繭・浜野由香, 2008,「意識調査から見た飼い主と犬の関係——より良い獣医療およびサービスの提供を目指して」『日獣生大研報』57: 108 − 14.

King, Gary, Robert, O. Keohane and Sidney Verba, 1994, *Designing Social Inquiry: Scientific Inference in Qualitative Research,* Princeton: Princeton University Press. (=2014, 真渕勝監訳『社会科学のリサーチデザイン——定性的研究における科学的推論』勁草書房.)

Loukaitou-Sideris, Anastasia and Renia Ehrenfeucht, 2012, *Sidewalk: Conflict and Negotiation over Public Space,* Cambridge: MIT Press.

松本康, 2014,『都市社会学・入門』有斐閣.

箕浦康子, 2009,『フィールドワークの技法と実際II——分析・解釈編』ミネルヴァ書房.

マイク・モラスキー, 2013,「解説」忠平美幸訳『サードプレイス——コミュニティの核になる「とびきり居心地良い場所」』みすず書房, 467-80.

森裕司・奥野卓司, 2008,『ペットと社会（ヒトと動物の関係学第3巻)』岩波書店.

中川雅貴・近藤克則・鈴木佳代, 2013,「健康格差とネットワークをめぐる研究上の諸問題とその克服——大規模社会疫学調査研究の経験を踏まえて」『社会と調査』10: 52-7.

中村高康, 2013,「混合研究法の基本的理解と現状評価」『調査と社会』社会調査協会, 11: 5-11.

奥田道大編, 1995,『21世紀の都市社会学第2巻　コミュニティとエスニシティ』勁草書房.
大倉健宏，2012，『エッジワイズなコミュニティ—外国人住民による不動産取得をめぐるトランスナショナルコミュニティの存在形態』ハーベスト社.
Oldenburg, Ray, 1989, *The Great Good Place: Café, Coffee Shop, Bookstore, Hair Salons and Other Hangouts at Heart of a Community,* Da Capo Press.（=2013, 忠平美幸訳『サードプレイス——コミュニティの核になる「とびきり居心地良い場所」』みすず書房.）
鈴木庄亮他編，2009,『シンプル衛生公衆衛生学』南江堂.
園田恭一，2010，『社会的健康論』東信堂.
Syme, Leonard, S.2000, "Foreword," Berkman, Lisa, F., and Ichiro Kawachi eds., 2000, *Social Epidemiology,* New Yrok: Oxford University Press, ix-x.
山田昌弘，2007,『家族ペット——ダンナよりもペットが大切 !?』文芸春秋社.

引用したドッグパークでのルール等（引用順）いずれも 2014 年 12 月 6 日閲覧
Hillside dog park (Brooklyn)
http: //www.nycgovparks.org/parks/hillside-park/
Pier 6 dog run (Brooklyn)
http: //www.brooklynbridgepark.org/places/dog-runs-1
Ohlone park (Berkeley)
http: //www.ci.berkeley.ca.us/Parks_Rec_Waterfront/Trees_Parks/Parks__Ohlone_Park.aspx
http: //berkeleyplaques.org/plaque/ohlone-dog-park/
http: //www.ohlonedogpark.org/dog_park_design.html
http: //www.ohlonedogpark.org/about.html
Alamo square park (San Francisco)
http: //sfrecpark.org/destination/alamo-square/
http: //sfrecpark.org/parks-open-spaces/dog-play-areas-program/
Fort greene park (Brooklyn)

http: //www.nycgovparks.org/parks/fort-greene-park
www.nyc.gov/parks/dogs
東京都篠崎公園『東京都篠崎公園ドッグラン利用規約』

調査参加学生のフィールドノート記述
麻布大学生命・環境科学部環境社会学研究室，2013，『アメリカ調査旅行 2013.9.1 ～ 11 参加者レポート』私家版.
麻布大学生命・環境科学部環境社会学研究室，2014，『アメリカ調査旅行 2014.8.28 ～ 9.9 参加者レポート』私家版.

調査票

※2014年アメリカ調査において使用した説明文・調査票、一部を修正し単純集計結果を（__）追記

Research Project 2014: “Pet-friendly Community”

Aug.30 .2014

Associate Professor Takehiro OKURA Ph.D.

Azabu University School of Life and Environmental Science Seminar on Environmental Sociology Sagamihara City Japan

Within my specialist field of community sociology, I am conducting research into “pet-friendly communities”. One part of the research investigates the epidemiological aspect, and the other the sociological aspect. As a result of this research, we would like to find out what is or are the critical conditions for building “pet-friendly communities”

This research consists of two steps. The first is a “Saliva molecular biology test”. The second is this questionnaire which you are reading now.

The purpose of “the Saliva molecular biology test” is to investigate periodontal dental diseases shared between owners and their dogs, and it will ask you to collect you and your dog’s Saliva by cotton swab. This investigation will enable us to assess the level of pet and owner interaction.

In this questionnaire, we ask you about your background and your dog.

Thank you very much for your cooperation in this research project.

Research date　　　　Time　　　　Place　　　　Researcher

1. Please answer the following questions about yourself.

Q-1 which is your Gender? ・Male(15) ・Female(18)

Q-2 How old are you?　age　　(mean 42 years old)

Q-3 What is your status? Please circle only one item.

① Student(0) ② Home maker(0) ③ Salaried worker(23) ④ Business owner(4) ⑤ Currently unemployed(1) ⑦ Others (please indicate:) (0)

Q-4 What is your educational background? P1ease circle only one item. If you are a student, please circle the one which you are currently attending.

① Secondary school(0) ② High school(1) ③ Junior college(1) ④ University(14) ⑤ Graduate school(16) ⑥ None of the above(1)

Q-5　Where is your hometown?

States (　　　　　) City (　　　　　)

Q-6　Where are you living now?

States (　　　　　) City(　　　　) Zip(　　　)

Q-7 How much is your annual income? Please circle one

item.

① No(2) ②～＄50,000(4) ③＄50,001～100,000(10)
④＄100,001～150,000(5) ⑤＄150,001～(12)

Q-8 Which type of residence are you living in now? Please circle one item.

① a house you own(12) ② a condominium you own(6) ③ a house you rent(6) ④ an apartment you rent(8) ⑤ parent's house(1) ⑥ other relative's house(0) ⑦ dormitory(0) ⑧ Private rented house(0) ⑨ Others (please indicate:) (0)

Q-9 What size of accommodation do you currently live in?

① Studio(7) ② 2～3 bed room(23) ③ 4 or more bed room(3) ④ Others (please indicate:) (0)

2. Please answer the following questions about your family.

Q-10 How many people are living in your current residence? ______ People (mean 2.4 people)

3. Please answer the following questions about your dog.

Q-11 How long have you owned your dog?

__________ Years ago (mean 3.7 years)

Q-12 What breed is/are your dog(s)? How old is it/are they?

Dog 1 (Breed) (age)

Dog 2 (Breed) (age)

Dog 3 (Breed) (age)

Dog 4 (Breed) (age)

Dog 5 (Breed) (age)

Q-13 How many times do you feed your dog a day?

_______ Times. (mean 2 times)

Q-14 What kind of food do you typically feed your dog? Please circle all items.

① Natural meat(7) ② solid dog food(28) ③ left over human food(5) ④ other(please indicate:)(5)

Q-15 Do you share tableware with your dog?

① Yes I do.(9) ② No I do not.(24) ③ I cannot say.(0)

Q-16 Who is the primary care giver for the dog(s) in your house? ________________

Q-17 Where dose your dog sleep every day?

① Floor(11) ② Outside Kennel(3) ③ My bed(12) ④ other(please indicate:)(11)

Q-18 What do you think is the most important facility/shops for dog owners? Please circle only one item.

① Park(22) ② Animal Hospital(9) ③ Pet shop(2) ④ Drug store(0) ⑤ Pet hotel(0) ⑥ other(please indicate:)(0)

Q-19 How often do you take a walk with your dog(s)? Please circle only one item.

① Several times a day(30) ② Once a day(2) ③ Once every two days(0) ④ Once every three days or more(1) ⑤ None of the above (0)

Q-20 How long do you take a walk for in total?

______ Minutes (mean 60 minutes)

Q-21 Who takes care of your dog when you have a long trip? Please circle only one item.

① I do not take long trip.(3) ② I take our dog.(6) ③ I put my dog(s) in a pet-keeping facility.(6) ④ I ask friends/neighbors to take care of my dog(s).(7) ⑤ Relatives look after my dog(s).(5) ⑥ Other (please indicate:) (1)

Q-22 Do you have "pet-related friends" with whom you share your interest in dogs? Please circle only one item.

① Yes I have.(30) ② No I do not.(2) (Please skip to Q-24) ③ I cannot say.

Q-23 Where or how did you meet these friends? Please circle only one item.

① I met them in the park.(23) ② A friend of mine introduced me to them.(1) ③ I met them in a pet group.(0) ④ I met them through a newspaper or magazine.(1) ⑤ By SNS (such as Facebook)or Blog(1) ⑥ I met them at an animal hospital.(0) ⑦ Other(please indicate:)(1)

Q-24 What is the most common topic that you talk about with your "pet-related friends"? Please circle only one item.

① how to keep dogs(17) ② pet goods or shops(3) ③ animal hospitals(1) ④ dog's burial or funeral(1) ⑤ nothing related to Dog(6) ⑥ other (please indicate:) (4)

Q-25 What is your most important source of knowledge about dog sitting? Please circle only one item.

① Family member (2) ② Book, magazine or internet(6) ③ Pet related shop(0) ④ Animal doctor(1) ⑤ "Pet friend"(18) ⑥ others (please indicate:) (4)

Q-26 Which of these behaviors represents the worst manners for a pet owner, do you think?

① Never picks up excrement(12) ② Always lets a dog run lose(3) ③ Never gives have a vaccinations(5) ④ Never disciplines(9) ⑤ Others (please indicate:) (0)

Q-27 What do you think is the best location to keep a dog? Please circle only one item.

① A place with an animal hospital nearby.(3) ② A place with a pet shop or pet related shop.(1) ③ A place with a large park or space nearby.(23) ④ A place with "pet-friends" nearby.(2) ⑤ Other (please indicate:) (2)

Q-28 Do you take steps to prevent periodontal (dental) disease in your dog(s)?

① Yes I do.(22) ② No I don't.(9) (Please skip to Q-31) ③Not sure.(1) (Please skip to Q-31) ④Others (please indicate:) (1)

Q-29 How often do you provide periodontal disease care for your dog?

① Every day.(2) ② Several times in a week.(3) ③ Once in a week.(6) ④ Once a month or more.(10) ⑤ Other (please indicate:) (3)

Q-30 What kind of periodontal disease care do you provide? Please circle all items which you apply.

① Brushing(6) ② Brushing with chewing gum(8) ③ Advice from an animal doctor(5) ④ Others（please indicate: ）(3)

Q-31 Do you or your family have periodontal disease?

①Yes I/we have.(7) ②No I/we don't.(22) ③Not sure.(2) ④ Other（please indicate: ）

If you have any comments or questions about this research project and/or this questionnaire, please use this space.

This is the end of the questionnaire.

Thank you very much for your cooperation.

あとがき

この調査研究をすすめている間、「あなたは何を飼っているのですか」と何度も尋ねられた。その時々には「今は何も」とごまかしたが、私は一度も犬を飼ったことがない。調査研究の初期に使用した調査票は犬の飼い主にとって、首をかしげるような質問があったかもしれない。

この研究を構想するきっかけは、小林達也氏による「社会学と公衆衛生学を取り結ぶような研究がない」というご指摘だった。2008年4月に麻布大学に移籍したのち、しばしば「疫学的研究をしてはどうですか」とすすめられた。そして、ここでは特に秘す「下位文化」ネットワークにより、麻布大学獣医学部分子生物学研究室村上賢教授と知遇を得たことが、大きな支えとなった。2013年と2014年9月にアメリカ調査で使用した調査票および調査協力承諾書について、麻布大学生命・環境科学部国際コミュニケーション研究室ジョナサン・リンチ講師にネイティブチェックをお願いした。これらのアドバイス、研究支援、校正のおかげでこの研究を成果として提出することができた。真っ先に感謝を申し上げる。

本研究は、日本学術振興会科学研究費助成事業・挑戦的萌芽研究「ペットフレンドリーなコミュニティの条件――コミュニティ疫学試論」(2012～14年　課題番号24653128　代表者大倉健宏）による成果である。約3年間にわたるプロジェクトでは、２度のアメリカ調査と国内調査を実施した。

“Pet-friendly Community Research 2013” は、９月１日から11日にわたって実施した。調査者は環境社会学研究室３年泉山萌・篠﨑智貴・山口翔悟・波田野梨奈と環境科学科２年齋藤一樹の５名である。

2014年には “Pet-friendly Community Research 2014” を、８月28日から９月９日にわたって実施した。調査者は環境社会学研究室３年齋藤一樹・末藤史恵・玉川大学４年瀧田恵の３名である。これらの調査を通じて、74票の調査票と唾液サンプル164本を集めることができた。合計７名の学生に協力してもらい調査員として活躍してもらった。７名にとってアメリカでの最大の思い出は、見知らぬ犬連れの人々に苦労して話しかけ、唾液サンプルをもらうということであったのだろう。

これらの調査に先立って、2012年10月から11月にかけて、麻布大学附属動物病院において来院者を対象とした調査を実施した。その頃は調査研究が始まったばかりで、調査票の作成にはずいぶんと苦労した。この調査の実施をお許しいただいた、当時の信田院長をはじめ動物病院スタッフには改めて感謝を申し上げる。

本書の編集段階では理論社会学を専門とする楠秀樹さんに、詳細なチェックと数多くのコメントを頂いた。彼の理論研究で培われた視点によるレビューのおかげで、本書は大いにブラッシュアップされた。改めて感謝を申し上げたい。

拙著「エッジワイズなコミュニティ」に引き続いて、2015

年に創業30周年を迎えたハーベスト社小林達也氏には大変にお世話になった。小林達也氏には重ねてお礼を申し上げたい。

調査研究の途上にあった2014年3月に、長きにわたってご指導いただいた、奥田道大先生が逝去された。3月20日夕刻河口湖畔でご逝去の報をうかがい、ショパンの「ノクターン第2番変ホ長調9-2」を繰り返し聴いたことを思い出す。本書を先生のご霊前に捧げたい。

この調査研究を刊行することができたのは、もう二度と会うことができない、アメリカにてまたは学内にて調査にご協力いただいた多くの調査協力者のおかげである。このことに対して改めて感謝を申し上げたい。

一方で、日常生活を共にする家族への感謝を挙げなくてはならない。最近は多少とも穏やかになったと自負しているが、時に気分屋で喜怒哀楽が激しく、ひらめいたら突然全力疾走という筆者の、21年にわたる研究者生活のうち、15年間を支えてくれた純、11歳の長男和喜と8歳の次男紳志、この3人にはここに挙げた大きな感謝の言葉の花束を代表としておくりたい。

2016年3月3日

地域社会研究室にて

大倉健宏

索引（50 音順）

人名索引

事項索引

大倉健宏（おおくら・たけひろ）

略歴
1965年東京都港区生まれ
立教高等学校卒業　立教大学社会学部卒業
東洋大学大学院社会学研究科博士後期課程単位取得退学
1995年福島女子短期大学専任講師
同助教授・福島学院大学福祉学部准教授を経て
社会調査協会　専門社会調査士（第000064号）
2008年麻布大学生命・環境科学部環境科学科准教授
環境社会学・地域社会学・社会調査法専攻
2013年博士（社会学）立教大学

主要業績
「エスニック・コミュニティ」高橋勇悦編『社会変動と地域社会の展開』学文社，2000年．
「再開発・街づくりと空間の文脈―北米コミュニティ調査から」下平尾勲編『地域からの風―ビジネス・情報・デザイン』八朔社，2003年.
「「ストリート」にたむろする若者たち―福島市での事例から」『地域開発』464号・465号　財団法人日本地域開発センター，2003年.
「地方都市転換期における地域変容―福島市1995－2005を事例として」『地域創造』18(2) 福島大学地域創造支援センター，2007年.
「不安な社会のコミュニティ―設計され、たちあげられる空間のために」春日清孝・楠秀樹・牧野修也編『＜社会のセキュリティ＞は何を守るのか―消失する社会／個人』学文社，2011年.
『エッジワイズなコミュニティ――外国人住民による不動産取得をめぐるトランスナショナルコミュニティの存在形態』ハーベスト社，2012年ペットフレンドリーなコミュニティ――――――――――――――――
イヌとヒトの親密性・コミュニティ疫学試論

発　行　――2016年4月7日　第1刷発行
　　　　――定価はカバーに表示
著　者　―大倉健宏
発行者　―小林達也
発行所　――ハーベスト社
〒188-0013　東京都西東京市向台町2-11-5
電話　042-467-6441
振替 00170-6-68127
http://www.harvest-sha.co.jp
印刷 ―――㈱平河工業社
製本 ―――㈱新里製本所
落丁・乱丁本はお取りかえいたします。
Printed in Japan
ISBN4-86339-072-0　C3036